QRMS译丛

装备科技译著出版基金

可靠性预计与试验

Reliability Prediction and Testing Textbook

［俄］列夫·M. 克利亚提斯(Lev M. Klyatis)
［美］爱德华·L. 安德森(Edward L. Anderson)　著

韩新宇　唐龙利　吴立金　张炜华　等译

陈大圣　宋太亮　主审

何　伟　张　凯　审校

国防工业出版社

·北京·

著作权合同登记　图字:军-2020-038 号

图书在版编目(CIP)数据

可靠性预计与试验 /(俄罗斯)列夫·M. 克利亚
提斯(Lev M. Klyatis),(美)爱德华·L. 安德森
(Edward L. Anderson)著;韩新宇等译. —北京:国
防工业出版社,2022.2
(QRMS 译丛)
书名原文:Reliability Prediction and Testing
Textbook
ISBN 978-7-118-12447-7

Ⅰ.①可… Ⅱ.①列… ②爱… ③韩… Ⅲ.①可靠性
设计-教材 Ⅳ.①TB114.32

中国版本图书馆 CIP 数据核字(2021)第 255437 号

※

国防工业出版社 出版发行
(北京市海淀区紫竹院南路 23 号　邮政编码 100048)
北京龙世杰印刷有限公司印刷
新华书店经售

*

开本 710×1000　1/16　印张 13½　字数 225 千字
2022 年 2 月第 1 版第 1 次印刷　印数 1—1000 册　定价 108.00 元

(本书如有印装错误,我社负责调换)

国防书店:(010)88540777　　书店传真:(010)88540776
发行业务:(010)88540717　　发行传真:(010)88540762

翻译委员会

主译 韩新宇　唐龙利　吴立金　张炜华

主审 陈大圣　宋太亮

审校 何　伟　张　凯

翻译 韩新宇　唐龙利　吴立金　张炜华　詹红燕
　　　　沈晓美　简　阳　闫　然　刘泊江　许兆伟
　　　　丁健洋　皮寿熹　夏　冉　王　晶　刘　柏

序

　　我国可靠性工程起源于 20 世纪 60 年代,起初主要是部分行业针对特定产品进行技术研究与应用。以 20 世纪 80 年代后期 GJB 450《装备研制与生产的可靠性大纲》等国家军用标准的发布和 20 世纪 90 年代初期《武器装备可靠性维修性管理规定》等顶层文件的颁布为标志,国防科技工业开始强化可靠性技术研究,并在型号研制过程中推广普及可靠性技术。

　　可靠性技术引入到装备研制领域后,取得了明显的成效,装备的质量水平有了显著的提升。当前,面对复杂的国际形势,在新的国际安全战略背景下,一方面,武器装备作战使命任务需求增加,装备的使用强度提高,使用环境更加复杂;另一方面,装备复杂程度日益提高,各种新技术不断应用,这对装备的可靠性水平提出了更高要求,是型号设计研发人员面临的迫切问题。产品的可靠性是设计出来的,且与其结构、工艺、材料、负荷、应力、使用方式密切相关,工程上往往把可靠性工程的重点放在设计阶段。可靠性预计作为重要的设计手段,要在武器装备设计阶段为设计决策提供依据,因此要求预计工作具有及时性,预计结果具有可信性。然而实际工作中,特别是对于新研装备,可靠性预计通常是在产品尚无自身试验数据的情况下进行的,设计师根据类似产品的经验数据或组成该产品的各单元的可靠性数据,对产品的可靠性进行估算,亦或是根据其故障物理模型进行预计。无论是基于数据统计的可靠性预计,还是基于故障物理模型的预计,要兼顾其及时性和可信性,仍是一个工程难题。

　　本书的作者列夫·M. 克利亚提斯教授和爱德华·L. 安德森先生基于丰富的产品性能预计和可靠性的研究经验创新性提出了实现可靠性预计的重要方法,他们紧密结合工业产品的实际使用情况,将可靠性预计和试验相互关联,使用加速可靠性和耐久性测试作为可靠性预计的必要数据来源,提高了可靠性预计准确性。作者列夫·M. 克利亚提斯教授拥有工程技术博士学位、东欧高级博士学位和西欧高级博士学位,著有《可靠性和耐久性加速试验技术》(*Accelerated Reliability and Durability Testing Technology*)一书,是苏哈尔(SoHaR)公司的高级顾问,在全球拥有 30 多项专利,并发表了数百篇论文,在可靠性预计方面有丰富的经验和研究成果。本书另外一名作者爱德华·L. 安德森是一名专业工程师,拥有新泽西理工学院的健康与安全工程硕士学位,以及道林学院的全面质量管理硕士学位证书,在高度专业化的汽车设计、采购和运营方面拥有 40 多年的可靠性工作经验。两位作者在可靠性领域有较高的知名度,本书是两位作者多年的研究成果和工作经验的总结,书中给出了大量的用于可靠性预计和加速可靠性试验的程序样例,并对其进行了深入的分析解释,具有很好的借鉴意义。

推荐翻译出版本书的主要原因是,本书提供的可靠性预计与试验技术是作者长期研究成果的系统总结,是最新实践的结晶,书中提供的方法对复杂系统可靠性预计具有较大的借鉴价值。作者按照体系工程原理,结合现场真实使用环境试验数据的输入,综合考虑安全性和人的因素的多学科建模仿真,为准确评估装备可靠性提出了一种方法途径。希望本书的引进、翻译和出版能对提高我国装备可靠性水平起到积极的促进作用,也希望广大的可靠性设计研发人员加强理论研究和应用和实践,开发出适合我国装备特点的可靠性预计和试验技术、设备,为提高装备可靠性水平做出新的贡献。

陈大圣[①]

2021 年 12 月

---

① 陈大圣,中国船舶工业综合技术经济研究院副院长,研究员。中国船舶集团有限公司质量与可靠性中心学术委员会主任。

译 者 序

可靠性作为衡量武器系统性能好坏的重要指标贯穿于武器系统设计、研制、使用的整个过程,被越来越多的人所重视。随着武器装备信息化水平和复杂程度的不断提高,作战任务更加复杂多变,系统故障成因和故障传播更加复杂。需要对系统的动态结构、不同任务的成功准则和部件的失效行为建立可靠性模型,对可靠性预计带来更大难度。可靠性预计作为分析可靠性的重要手段是可靠性设计、分配和试验的依据。

本书作者回顾并分析了目前在电子、汽车、航空、航天、交通运输、农业机械等行业中使用的可靠性预计方法存在的问题,结合多年的实践经验提出了采用加速可靠性和耐久性试验作为输入的可靠性预计方法。全书的内容由基本概念以及存在的问题,到方法描述再到实例应用,逻辑性强,内容新颖,书中介绍了大量的工业领域可靠性预计应用案例,具有很强的可操作性和工程指导意义。

目前,国内图书市场中关于可靠性预计的书籍较少,已有的可靠性技术相关书籍偏重理论研究,缺少对于成功可靠性预计的实践和应用等相关内容的介绍,本书主要从实例的角度出发,详细介绍了可靠性的概念和可靠性预计应用方法等,深入分析了许多成功的可靠性预计案例,每章后还有相应的习题用于巩固本章的知识,对于可靠性方面的学习提供了指导意见,同时本书还加入了作者自己的创新研究内容,开拓了可靠性预计的新方向,对当前快速发展的工业领域的产品研究更具参考意义。

翻译出版本书旨在推广成熟的可靠性预计和试验技术,供可靠性工程师和项目管理人员参考。全书由韩新宇、唐龙利、吴立金、张炜华等翻译,其中韩新宇负责前言、作者简介、绪论、第 1 章和第 6 章,唐龙利负责第 2 章和第 3 章,吴立金负责第 4 章,张炜华负责第 5 章。全书由何伟、张凯负责审校,由韩新宇负责全书策划、统稿等工作。此外,参与本书翻译的还有詹红燕、沈晓美、简阳、闫然、刘泊江、许兆伟、丁健洋、皮寿熹、夏冉、王晶、刘柏。全书由陈大圣、宋太亮负责主审。

本书的翻译工作力求忠实原著,并易于理解。由于译者和审校者水平有限,书中难免有疏漏和错误,恳请广大读者批评指正。

译 者
2021 年 10 月

前　言

列夫·M.克利亚提斯,作为乌克兰农业机械试验中心的测试工程师,于1958年开始了职业生涯。他惊讶地发现,即使通过了中心的广泛试验,仍旧不能准确预计农民使用时的产品可靠性。该试验中心会在一个季度的农业机械运行期间进行现场试验,并根据此单季试验的结果提出对新产品的生产建议。

无论是设计师、试验工程师、研究人员,还是其他相关的决策者,都不知道第一季度的试验之后会发生什么。试验中心无法准确预计机械在全寿命周期内真实的产品可靠性。后来,列夫·M.克利亚提斯意识到这种情况并非农业机械所特有,其他工业领域和世界上其他国家也都存在这种情况,即使他们声称正在进行加速可靠性试验。

我们为什么要写这本书? 众所周知,技术、方法论、硬件和软件正以前所未有的速度在发展。但与此同时,可靠性试验和预计的发展要慢得多;在过去的六七十年间,可靠性试验和预计方法通常都没有发生什么巨大的变化。随着产品复杂性的增加,近乎完美的产品可靠性需求成为一个公司的关键目标,而产品可靠性是建立在广泛生产和销售之前的准确可靠性预计能力之上。不能预计并纠正产品失效可能会导致人身事故发生,也会给公司带来严重的经济损失。下面将介绍两个典型的案例。

2009年5月31日,法航AF447航班从巴西里约热内卢飞往法国巴黎,机上载有228名乘客和机组人员;飞机起飞几个小时后坠入大西洋,机上人员全部遇难。造成这起事故的一个重要原因是皮托管结冰,导致准确的空速和高度信息丢失,驾驶员无法根据这些信息进行正确操作,从而导致了这一坠毁事件的发生。调查发现皮托管存在结冰问题,并已经被其他几家航空公司替换。事故发生后,欧洲航空安全局(EASA)强制要求空客A330和A340更换2/3的空速皮托管,随后美国联邦航空局就空客A330和A340颁布的最终规则适航指令(AD)提出了几乎相同的要求。令人深感不安的是,在先进的线控喷气飞机时代,居然会遇到皮托管结冰的问题。

2014年2月,通用汽车公司(General Motors)因为点火开关缺陷召回了260多万辆汽车,该缺陷导致了除了重伤的患者外,至少13人甚至可能超过100人死亡。汽车上的点火开关从"On"位置移动到"Acc"位置时,安全系统(安全气囊、防抱死刹车和动力转向系统)可能会随着车辆的移动而失效。通用汽车早在2001年就发现了这一问题,并在2005年之前不断提出修改设计的建议,但这一建议却遭到了管理层的拒绝。

截至2015年3月底,通用汽车召回点火开关的成本为2亿美元,预计最高可达6亿美元。失败的可靠性预计除了经济损失之外,还给那些伤亡人员及其家属带来伤痛。到下一个十年结束时,人们将会与某些自动驾驶汽车共享道路。无论是驾驶自动驾驶汽车,还是仅仅与它们共享道路,实际上都会因为每个关键组件和决策过程的可靠性试验的充分性和准确性,而赌上自己的生命。考虑到现今我们在点火开关和皮托管方面存在问题,可靠性预计将是一项重大的工作。

当试验需要考虑诸如热、冷、雨、雪、道路盐和其他预期内和意外的污染物等各种环境条件时,可靠性预计就显得尤为重要。结合汽车平均10年的使用寿命,就有必要针对各种退化进行可靠性保证,并且所有全寿命周期内故障模式都必须默认为故障-安全模式。以上这些只是许多现实生活中与可靠性预计和试验方法的不足有关的例子。

遗憾的是,可靠性预计和试验失败的这些代价往往未被纳入组织的决策过程中。虽然新产品开发中人力和财务应该是组织(包括研究、预设计和试验)活动和研讨的首要因素,但在大型组织中它们往往被忽视或被认为是其他人的责任。如果我们要保持一个文明社会,这种责任就不能也不应置于指挥链之上。

电子技术的发展速度越来越快,处理能力也越来越强,其速度远远超过了人类活动的其他领域。事实上,摩尔定律中描述的信息技术进步的速度(微处理器的性能每18个月就会翻一番)在业界已经被广泛接受。我们是否经常思考电子发展尤其是软件发展的影响?真正大脑开发思维正转变为所谓的虚拟思维。虚拟思维使人类的思维和心理发展依赖于一个自动提供答案的控制系统,而思维只扮演最小的角色。我们可以仔细想想计算器和电子收银机是如何降低人们的基本数学能力的;或者GPS导航是如何削弱了普通人阅读地图和绘制通往目的地路线的能力的——输入目的地地址,让机器轮流指引你到达目的地。但是,思维能力的发展以及利用思维能力促进社会和文明的进步是人与动物之间的基本差异。

遗憾的是,人们通常不明白,电子系统只是包含真实物理约束、过程和技术的控制系统的一部分,软件和相应硬件所能实现的功能是有限的。最先进的汽车稳定系统不允许车辆以不安全的速度转弯。虽然系统可以提高一个人的驾驶能力,但它不能违反物理规则。随着技术的发展,人们对技术的依赖程度也随之提高。而我们不难发现,技术带来的能力提升通常都伴随着操作人员技能的降低。

当基于抽象(虚拟)过程预计与实际过程有差异时,就会出现这种情况。通常,可靠性的预计仅仅是基于对虚拟(理论)的理解,并不考虑人们现实生活中的真实情况。因此,许多可靠性预计方法都只是基于理论知识,所使用的试验方法并不是一个真正的互联过程,而是依靠预期虚拟世界中的次要条件。所以,试验和预计的发展速度并没有像需要的那样迅速,而且进展得非常缓慢,比设计和制造的发展过程慢得多(图3-6)。可靠性(主要是加速可靠性)试验需要技术、设备和相应的成本,就像参试的新产品一样复杂。但是,关键问题在于许多公司的管理层不愿意为这项技术以及开发必要的试验设备支付足够费用,他们希望这一阶段的产品开发能够节省开支。前五角大楼作战试验与评估办公室主任菲利普·科伊尔在美国参议院表示,在卫星等复杂设备的设计和制造过程中,如果工作人员试图在试验中节省几美分,那么最终结果就可能会因为更换带有错误的产品而造成成千上万美元的巨大损失。当然,其他产品也是如此。

因此,无效的产品可靠性预计,将导致召回增加且难以预料、工业产品和技术的实际可靠性降低、利润下降并造成全寿命周期成本增加。列夫·M.克利亚提斯意识到,当时(甚至在现在)使用的可靠性预计方法,没有获得准确或充分的初始信息去有效预计实际使用中机械的可靠性。如果期望获得长期的现场可靠性结果,就需要在制造之前进行更广泛和准确的试验。

要想使机械能够可靠地运行,就需要进行多个季节、长寿命、不同操作条件和其他因素的试验。这意味着需要重新关注加速试验(实验室、试验场、实地密集使用),可靠性加速试验最初用于农业机械,然后推广到其他产品和技术系统。如果没有对真实的现场条件进行精确模拟,试验结果就可能与实际的结果相差甚远。有人认为,简单地重新计算试验场结果(或实际生活的简单模拟),就是真实世界的仿真,这种观点是错误的。如果在试验(试验协议)中使用的初始信息不正确,那么预计方法实际上是无用的。由于难以对真实情况精确模拟,可靠性预计方法在本质上大多都是理论性的。

这种情况在今天依旧存在。公司在设计完成后开始制造大批量的产品,最后把这些产品交到客户手中,却发现产品的可靠性问题导致了严重的后果——一般情况下是经济损失,但慢慢地变为相应的法律后果。而且,消费者也遭受可靠性预计不佳带来的困扰。例如,图1显示了1980—2013年间的汽车发动机召回事件。虽然汽车技术相对成熟,但产品复杂性和技术变化导致大量召回,这表明试验充分性进展得缓慢(图3-6)。

这种情况还在继续发生。例如:

2016年9月,福特公司在年初将数十万辆福特和林肯汽车的召回数量扩大到惊人的2383292辆。这个问题涉及一个侧门锁定部件,导致门不能正确关闭或锁定。车门要么完全不能关闭,要么可以暂时关闭,但等待车辆行驶时才能重新打开。这种缺陷会造成很严重的后果,并且会大幅增加受伤的风险。随后,福特和林肯的经销商宣布将为消费者免费更换侧门闩锁。

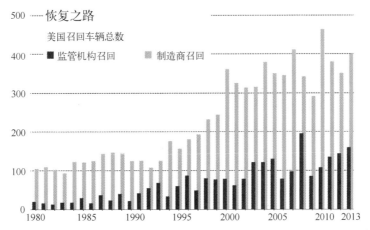

图 1　1980—2013 年美国汽车召回总数量[11]（纵轴为百分比,1980 年召回数量相当于 100%,2010 年召回数量百分比约为 500%）
（资料来源:国家公路交通安全管理局）

但问题仍然存在:为什么像门锁系统这样的基本部件会发生问题?

自今年年初以来,丰田已经召回了近 300 万辆 RAV4 型号的汽车和电动汽车,此前证据显示第二排安全带存在问题。这个问题与座椅安全带与坐垫的金属框架的相互作用有关,在发生事故时,金属框架会将安全带直接切成两半,但是这样却导致了安全带无法执行其最基本的保护功能。为了缓解这个问题,丰田只是在金属坐垫框架上增加了一个盖子,防止它在碰撞中切断安全带。

然而为什么在试验中没有发现这个问题? 2017 年,路透社告知[14]:

美国运输部门表示,2016 年美国汽车制造商召回的汽车数量达到创纪录的 5320 万辆,部分原因是大规模替换 Takata Corp 7312. T 形气囊充气机。此后,汽车制造商发起了创纪录的 927 次召回行动,比 2015 年创下的前一个最高纪录增加了 7%。该部门表示,去年共召回 5320 万辆汽车,超过了 2015 年创下的 5110 万辆的历史最高纪录。

有许多出版物讨论汽车和其他工业产品召回情况,大多数出版物都将关注点放在召回的可靠性和安全性方面,以及造成的各方面经济影响。而可靠性和安全性问题并不是产品召回的真正原因,它通常是错误可靠性预计的结果。

低水平的可靠性预计可能导致事故并且造成死亡或伤害,最终会导致产品成本增加,降低公司的利润和形象,给客户带来损失以及许多其他问题。在某些情况下,低水平的可靠性预计甚至可能会使公司领导人受到刑事起诉。在《产品性能的有效预计》(*Successful Prediction of Product Performance*)一书中更详细地考虑了这些问题[1]。最后,不要忘记,不良的产品可靠性与其他性能因素有关,如耐久性、可维护性、安全性、全寿命周期成本、利润等。在现实世界中,这些通常是相互连接的并且彼此相互作用的。

本书的目的是指导读者如何提高可靠性预计和试验,二者既相互关联又相互促进。

列夫·M. 克利亚提斯

爱德华·L. 安德森

参 考 文 献

[1] AirSafe. com, LLC. (2011). *Air France A330 crash in the Atlantic Ocean*. http://www.airsafe. com/plane-crash/air-france-flight-447-airbus-a330-atlantic-ocean. htm (accessed February 5, 2018).

[2] Traufett G. (2010). *The last four minutes of Air France Flight 447*. http://www.spiegel.de/international/world/death-in-the-atlantic-the-last-fourminutes-of-air-france-flight-447-a-679980.html (accessed February 5, 2018).

[3] The Associated Press. (2009). *Airspeed sensor troubled history ignored?* https://www.cbsnews.com/news/airspeed-sensor-troubled-history-ignored/(accessed February 5, 2018).

[4] Shepardson D, Burden M. (2015). *GM to pay $900M to resolve ignition switch probe*. http://www. detroitnews. com/story/business/autos/generalmotors/2015/09/16/gm-billion-fine-resolve-ignition-switch-probe/32526023/(accessed February 5, 2018).

[5] Valcies-Dapena P, Yellin T. (2017). *GM: Steps to a recall nightmare*. http://money. cnn. com/infographic/pf/autos/gm-recall-timeline/index.html(accessed February 5, 2018).

[6] NastLaw, LLC (n.d.). *General Motors recall timeline*. https://nastlaw.com/general-motors-recall/timeline/ (accessed February 5, 2018).

[7] BI Intelligence. (2016). *10 million self-driving cars will be on the road by 2020*. http://uk. businessinsider.com/report-10-million-self-driving-cars-willbe-on-the-road-by-2020-2015-5-6 (accessed February 5, 2018).

[8] Insurance Journal. (2015). *How the age of autonomous vehicles will evolve*. http://www.insurancejournal.com/news/national/2015/04/24/365573.htm(accessed February 5, 2018).

[9] Muller J. (2015). *The road to self-driving cars: a timeline*. https://www.forbes.com/sites/joannmuller/2015/10/15/the-road-to-self-driving-cars-a-timeline(accessed February 5,

2018).

[10] Rechtin M. (2013). *Average age of U.S. car, light truck on road hits record 11.4 years, Polk says.* http://www. autonews. com/article/20130806/RETAIL/130809922/average – age – of – u.s.–car–light–truck–on–road–hits–record–11.4–years (accessed February 5, 2018).

[11] Klyatis L. (2016). *Successful Prediction of Product Performance. Quality,Reliability, Durability, Safety, Maintainability, Lifecycle Cost, Profit, and Other Components.* SAE International.

[12] Boudette NE, Kachi H. (2014). *Big car makers in race to recall.* https://www.wsj.com/articles/toyota–recalls–6–4–million–vehicles–worldwide–1397025402 (accessed February 5, 2018).

[13] Harrington J. (2016). *Total recall: 5 of the most expansive automotive recalls of 2016.* https://blog.cargurus. com/2016/11/04/5 – of – the – most – expansiveautomotive – recalls – of – 2016 (accessed February 5, 2018).

[14] Shepardson D, Paul F. (2017). *U.S. auto recalls hit record high 53.2 million in 2016.* https://uk.reuters.com/article/us–usa–autos–recall/u–s–auto–recallshit–record–high–53–2–million–in–2016–idUKKBN16H27A (accessed February 5, 2018).

作 者 简 介

列夫·M. 克利亚提斯

    列夫·M. 克利亚提斯是索哈尔(SoHar)公司的高级顾问。他拥有3个博士学位:工程技术博士学位、工程技术社会科学博士学位(东欧高级博士学位)和工程资格博士学位(西欧高级博士学位)。

    他的主要科学/技术专长是开发有效预计产品性能的新方向,包括在使用寿命期间(或其他指定时间)的可靠性,以及对现场条件进行精确物理仿真而实现的加速可靠性和耐久性试验。克利亚提斯博士针对精确仿真提出了新方法。这种方法集成了现场输入、安全、人为等因素,建立在工程文化提高的基础之上,加速了产品研发。他研究出一种减少投诉和召回的方法,这一方法已经在各个行业得到验证,主要体现在汽车、农业机械、航空和航天4个行业。列夫·M. 克利亚提斯曾担任福特公司、戴姆勒-克莱斯勒公司、日产公司、丰田公司、加特可公司、美国冷王公司、百得公司、美国航空航天局(NASA)研究中心、卡尔申克(德国)以及其他许多公司的顾问。

    列夫·M. 克利亚提斯被苏联最高考试委员会授予教授资格,同时还是莫斯科农业工程大学的正式教授。他曾在美苏贸易经济委员会、联合国欧洲经济委员会和国际电工委员会(IEC)任职,曾担任美国专家、国际标准化组织和国际电工委员会(ISO/IEC)风险评估安全方面联合研究小组的专家。他是俄罗斯莫斯科国有企业泰斯莫什(Testmash)的研究负责人和董事长,也是国家试验中心的首席工程师。目前,他是世界质量委员会、埃尔默·A. 斯佩里(Elmer A. Sperry)董事会、美国汽车工程师学会(SAE)国际 G-11 可靠性委员会、SAE 国际大会综合设计与制造委员会和 SAE 大都会部门理事会的成员,2012 年以来还担任了底特律的 SAE 世界大会会议主席,同时还是美国质量协会的研讨会讲师。

列夫·M. 克利亚提斯是 250 多种出版物的作者,其中包括 12 本专著,并在全球拥有超过 30 项专利,克利亚提斯博士还经常在世界各地举行的科技活动上发言。

爱德华·L. 安德森

爱德华·L. 安德森是一名专业工程师,拥有超过 40 年的专业汽车设计、采购和运营经验。他参与了国际汽车工程师学会(SAE Internationale)、斯佩里奖委员会和 SAE G-15 机场冰雪控制设备委员会(他是该委员会的创始成员之一)。安德森在纽瓦克工程学院学习工程学,毕业后获得机械工程学士学位,并在美国空军服役。他曾担任空军飞行员 5 年,在 C-141"星际升降机"四引擎涡轮喷气运输机执行全球空运任务时飞行时间超过 1000h,在 HH43"哈士奇"救援直升机上飞行数百小时。

安德森空军退役后在私营企业担任工程师,负责设计和制造消防设备、小型客车、油罐车和各种定制移动设备,并担任电力公用事业公司 GPU Service 的运输工程师。1980 年,他加入了纽约和新泽西港务局,担任汽车工程师,之后晋升为汽车工程师的主管。港务局的车队大约有 3000 辆车,其中包括从大型机场应急响应、安全和除雪设备到必须在港务局桥梁和隧道范围内运行的紧凑型应急车辆。爱德华的工程团队全面参与了车辆和设备的采购工作,并负责为港务局的各种设施购置船只、紧急发电机和消防泵。他的小组还负责技术分析、故障调查,并对这些领域的未来应用提供建议。

安德森曾向国际汽车工程师学会、国际航空雪地研讨会、全国舰队行政人员协会(NAFA)和其他组织做过关于采购复杂、高度定制的关键任务车辆和设备的演讲。为了培训团队中的新工程师以及相关管理人员,他开设了"汽车工程"这门课程,培训关于工程领域复杂性和关键决策点的内容。课程涵盖了专用公路卡车规格方面的基本差异、法规限制、重量和平衡分析、动力系统等关键因素分析,以及特定于公路卡车应用的因素。除了指导他的员工之外,安德森还担任了 SAE 本地分部的主席。

安德森是一名专业工程师,拥有新泽西州理工学院健康与安全工程硕士学位,以及道林学院全面质量管理硕士学位。

目　录

绪　　论

列夫·M. 克利亚提斯

什么是可靠性？

本书中的可靠性是一门旨在预计、分析、预防和减少故障的科学。可靠性是长时间使用的质量保证。一款可靠、无故障的产品，会持续让客户满意。从狭义上讲，可靠性是指设备在特定时间和特定条件下，成功完成预期目标的概率。

作者认为，在设计和生产过程中投入足够的资金来开发可靠的产品，将会在产品的保修期和使用寿命期间带来更大的利润。

谁可以从高可靠性中获益？

每一个人都能从中获益，尤其是：

（1）制造商：因为他们的产品具有额外的客户吸引力，具有更高的质量、更短的服务时间、更快的服务、更低的召回成本，以及制造过程中更少的需求变化。

（2）客户：由于所购买的设备性能符合预期，产品容易支持客户使用，成本更低，并且减少了停用时间（更好的可用性）。

（3）社会：因为可靠性的提高减少了死亡、伤害、生产力损失以及产品故障直接或间接导致的相关影响。

可靠性的相关成本不仅是可靠性试验的成本，还包括产品在整个产品全寿命周期中由于产品现场故障或装运期间的感知故障而产生的所有成本。所有成本中包括保修成本、召回成本、设计变更成本、制造变更成本和流失客户的机会成本。

在设备全寿命周期的早期提高可靠性也可以节省整个全寿命周期的成本（显著降低维护成本和存货成本）。

失效分析是收集和分析数据以确定故障原因和制定补救方法的过程。失效分析是许多制造业分支的一个重要方面，特别是在电子行业中，失效分析是开发新产品和改进现有产品的重要工具。有效的失效分析在安全关键设备的制造和使用中尤为重要。当然，这对工业的其他领域也很重要。失效分析可以应用于产品和过程。可以在产品全寿命周期的设计阶段、制造阶段或现场使用阶段进行失效分析。

虽然有效的预计是产品开发的关键因素，但可靠性预计常常被证明是不成功的。从历史上看，"预计"一词用来表示应用数学模型和数据来估计一个产品或过程的现场性能。这些通常是在产品或系统获得经验数据之前进行的。只有防止了产品的意外故障或提高了产品的可靠性特征，可靠性预计才是有效的。

第1章　可靠性预计现状分析

列夫·M. 克利亚提斯

1.1　可靠性预计方法研究现状综述

可靠性预计十分重要,故有关可靠性预计方法的研究成果较多,并且主要集中在电子领域。可靠性预计对于提高产品可用程度方面是十分必要的。

传统的可靠性预计方法大多利用现场采集的失效数据来估计失效时间分布或退化过程的参数。使用这些数据,能够评估出感兴趣的可靠性度量参数,如预期的失效时间或指定时间间隔内退化的数量/质量,以及平均的失效(或退化)时间。

由于在正常的现场条件下退化过程非常缓慢,并且基于正常条件的预计建模需要更多的时间,所以可靠性预计模型往往用加速退化数据而不是正常条件下得到的退化数据。

这类实践的一个例子是贝尔通信研究所为硬件和软件使用的可靠性预计规程。奥康纳(O'Connor)和克莱纳(Kleyner)[1]对可靠性预计方法进行了广泛的描述,该方法由可靠性预计过程的输出组成:

(1) 稳态失效率;

(2) 首年失效倍数;

(3) 失效率曲线;

(4) 软件失效率。

可靠性预计过程的输出是对失效发生频率的各种估计。对于硬件,主要估计的输出是稳态失效率、首年失效倍数和失效率曲线。稳态失效率是衡量产品在使用一年以上后发生失效的频率;稳态失效率用 FIT(每运行 10^9h 的故障数)来测量,失效率为 5000 FIT 意味着使用超过一年的产品将有大约 4% 的概率在接下来的一年间失效。首年失效倍数是第一年的失效率与随后几年的失效率之比。利用这些数据,可以生成失效率曲线,该曲线中失效率是设备的年龄(工作量)的函数。对于软件,我们需要知道由于软件失效导致系统在现场发生失效的频率。

贝尔通信研究所的硬件可靠性预计主要是为电子设备设计的。它提供了设备级、单元级和简单串行系统的预计,但它主要针对不可修复的组件或插件的单元产品。其目标是向用户提供关于单元产品失效和需要替换的频率的信息。

软件预计的过程是对软件的失效强度进行估计,适用于系统和模块。

可靠性预计的信息有许多用途。例如,它可以作为寿命周期成本或利润研究的输入。寿命周期成本研究决定了产品的全寿命成本,所需的数据包括更换单元的频率,这个过程的输入包括稳态故障率和首年失效倍数。

贝尔通信研究所的可靠性预计规程由三种方法[1]组成:

(1)部件计数法。这些预计仅仅是基于所有设备的失效率之和。这是最常用的方法,因为通常无法获得其他方法所需的实验室和现场信息。

(2)引入实验室信息法。通过将实验室的试验数据与部件计数法的数据相结合,可以得到设备或单元级的预计。允许供应商使用他们的数据来预计失效率,尤其适用于现场数据很少的新设备。

(3)引入现场信息法。该方法允许供应商将现场性能数据与部件计数法的数据相结合,来获得可靠性预计的结果。

机械可靠性预计[2]采用各种工况下的应力因子作为不同设备可靠性预计的关键。这种情况在测试机械设备(如轴承、压缩机、泵等)时比在测试电子硬件时更常见。

尽管在可靠性试验计算中需要的因素数量可能过多,但是可以使用裁剪法去除影响很小或没有影响的因素,在数据有限的情况下也可使用裁剪法。一般来说,在预计机械系统的可靠性时可能遇到的问题是缺少以下信息:

(1)特定或通用失效率数据;

(2)主要失效模式信息;

(3)影响机械部件可靠性的因素信息。

如果在期望的时间内(无论是保修期、使用寿命还是其他规定的期限),计算可靠性的信息源间有密切的联系,则机械可靠性预计方法是有效的。同时获得准确的初始信息是预计试验中的一个关键因素。

然而,前面描述的方法和其他的预计方法几乎没有提供获得准确初始信息的途径,而这些初始信息可以模拟产品随时间或使用量(工作量或工作周期)变化而产生的真实可靠性。在没有精确的仿真信息的情况下,可靠性预计的实用性是最小的。

正确理解试验的作用、产品的生产使用之前试验的需求,是至关重要的;而错误的理解很容易导致产品可靠性预计不佳,从而对财政状况产生负面影响。

只有当可靠性预计能够减少产品的早期退化并防止产品的过早失效,可靠性预计才算真正起作用。

最近有许多出版物涉及电子产品、汽车和其他产品的召回。虽然这些出版物通常从造成人员伤亡的安全问题角度处理可靠性失效,但同时也考虑到了失效对于经济的影响。

如上所述的可靠性及其他问题都是结果,而不是根本原因。产品召回的实际原因以及许多其他的技术和经济问题,都是因为在设计和制造阶段之前对产品可靠性的预计不够有效、不够充分。最终,是执行不足的可靠性预计,对机构的财政状况产生负面影响。

因此,虽然许多流行和常用的方法在理论上看起来很吸引人,但最终却并不能有效预计产品在实际应用中的可靠性。

接下来我们看一下高田汽车安全气囊充气机召回事件带来的后果[3]:到目前为止,大约 1250 万个存在疑似问题的高田充气罐已经修复。高田汽车此次的召回事件涉及 19 家汽车制造商,约 6500 万个充气罐(4200 万辆汽车)。汽车制造商和组织这次大规模召回行动的联邦官员坚称,供应链正在大量生产替换零部件,其中大部分来自高田以外的公司。此次事件之后,美国高速公路安全管理局(NHTSA)建议大家不要禁用安全气囊;但是对于 2001—2003 年本田和讴歌车型,NHTSA 告诉人们只能将车送到经销商处进行维修。

与此同时,联邦政府对高田公司违法行为的调查有望在明年年初或明年 1 月得出结果,罚款金额可能接近 10 亿美元。

预防类似情况发生的关键是使用先进的试验方法和设备,即加速可靠性试验(ART)和加速耐久性试验(ADT)。这些系统程序的实施有助于工业产品可靠性的有效预计。

同样,技术的进步通常会导致更复杂的产品和更高的经济发展成本。这样的进步也提醒我们需要将更多的注意力放到准确预计产品可靠性上。

有效的可靠性预计有利于产品全寿命周期的所有阶段,包括产品启动、生产和制造、保修和长期售后支持等。可靠性预计与所有相关人员(设计师、供应商、制造商、客户)息息相关,甚至还涉及可能受产品失效影响的第三方。从整个产品全寿命周期的研发最早阶段开始,直至整个全寿命周期,可靠性预计可以随时提供产品改进机制。

目前有许多出版物涉及可靠性预计的理论方面,其中多数与失效分析有关。一些常见的失效分析方法和工具包括:

(1) 故障报告、分析和纠正措施系统(FRACAS);

（2）失效模式、影响及危害性分析（FMECA）；

（3）失效模式和影响分析（FMEA）；

（4）故障树分析（FTA）。

FavoWeb 是 ALD 公司（Advanced Logistic Developments）的第三代系统,基于 Web 和用户可配置的 FRACAS（故障报告、分析和纠正措施系统）,它可以在从设计到生产、试验以及客户支持的整个全寿命周期中,捕获有关设备或流程的信息。

FavoWeb 已经被首次应用 FRACAS 程序的世界一流组织所采用,可以与任何给定的企业资源规划（ERP）系统（SAP、ORACLE、MFGpro 等）无缝衔接,它也被证明是一个用户友好、灵活、健壮的故障管理、分析和纠正的操作平台。

FavoWeb FRACAS 的特性包括：

（1）完整的网络基础应用程序；

（2）用户许可机制——符合《国际武器贸易条例》的要求；

（3）灵活、用户可配置的应用程序；

（4）与 ERP/Product Data Management/Excel/Access 和其他传统系统的无缝通信；

（5）网络服务基础设施；

（6）故障/事件链和路由；

（7）与掌上电脑（PDA）兼容；

（8）语音故障报告；

（9）用户定义报告的高级查询引擎。

它还允许用户将系统或流程分解为组件或子流程。对于每个功能块,它允许用户定义名称和功能,并通过手动或从库中选择方式输入失效模式的原因和影响。"过程和设计 FMEA"模块提供了潜在失效模式→原因→影响链的完整图形和文本的可视化。

1.1.1 潜在失效模式的定义

潜在失效模式是指组件、子系统或系统无法满足设计意图的情况。潜在失效模式也是更高级子系统或系统中的潜在失效模式的原因,也是潜在失效的影响。

统计学和心理测量学中的可靠性是指测量的总体一致性。如果测量在一致的条件下产生类似的结果,则称该测量具有较高的可靠性[4]。

这是试验结果与随机误差数量有关的特性,测量过程中可能引入试验结果随机误差。高可靠的结果是准确的、可重复的,并且在不同的试验场景是一致的。也就是说,如果对一组试验对象重复试验,基本上会得到相同的结果。各种的可靠性系数,通常用来表示结果中的误差量,其取值范围在 0.00(误差较大)和 1.00(无误差)之间。

例如,测量人们的身高和体重通常是非常可靠的[4-5]。

可靠性估计有以下几类:

(1) 评分者信度:评定两个或两个以上的评估者在评估中的一致性程度。

(2) 再测信度:评定一次试验实施与下一次试验实施的试验结果的一致程度。测量数据是由一个评价者使用相同方法或仪器、在相同试验条件收集的。再测信度包含了评价者间的可靠度。

(3) 方法信度:评估当使用的方法或工具发生变化时,试验结果的一致性程度。这就排除了评价者间的可靠度。在处理表单时,可以将其称为复本信度[6]。

(4) 内部一致性信度:评估一次试验中项目间的结果一致程度[6]。

不完全可靠的试验是不可能完全有效的,既不能作为衡量一个人的素质的手段,也不能作为一个标准下预计分数的手段。可靠的试验可能提供有用的有效信息,但是不可靠的试验是无效的[7]。

1.1.2　通用模型

在实践中,试验测量方法从来就不是完全一致的,因此统计试验可靠性理论应运而生,用来估计不一致对测量精度的影响。几乎所有试验可靠性理论的出发点都是这样一个概念,即试验结果反映了两种因素[7]的影响:

(1) 促成一致性的因素——个体或者属性的稳定特征。

(2) 造成不一致的因素——个体特征或情景可能影响试验结果但与被测量的属性无关。

这些因素包括:

(1) 个体暂时性的一般特征——健康、疲劳、积极、情绪紧张。

(2) 个体暂时性的特殊特征——理解特定的试验任务、处理特定试验材料的特殊技巧或技术、记忆、注意力或准确性的波动。

(3) 试验情景方面——不受干扰、指令清晰、性格、性别或审查者种族的相互作用。

(4) 机会因素——通过猜测或瞬间的灵感选择了正确答案。

1.1.3　经典试验理论

可靠性理论的目的是估计测量中的误差,并提出改进试验的方法使这些误差最小化。可靠性理论的核心假设是测量误差本质上是随机的,但这并不意味着误差来自随机过程。对于任何个体来说,测量中的误差都不是完全随机的事件。然而,在大量的个体中,测量过程中出现误差的原因存在很大差异,所以需要将测量误差作为随机变量。如果误差具有随机变量的基本特征,则可以合理地假设误差具有正或负的同等可能性,并且它们与真实结果或其他试验中的误差不相关。

$$\rho_{xx'} = \frac{\sigma_T^2}{\sigma_X^2} = 1 - \frac{\sigma_E^2}{\sigma_X^2}$$

然而没有直接观察或计算真实结果的方法,所以人们使用各种方法来估计试验的可靠性。用于评估可靠性的方法包括重测可靠度法、内部一致性可靠度法以及平行试验可靠度法。每种方法对试验中误差来源的解释都有所不同。

1.1.4 可靠性估计

估计可靠性的目的是确定试验结果的可变性中有多少是由于测量误差造成的,有多少是由于真实估计结果的可变性造成的。以下介绍了几种策略:

1. 再测信度法

直接评估两次试验间试验评估结果一致的程度,包括:

(1) 对一组个体进行试验。

(2) 对同一组再次执行相同的试验。

(3) 关联第一组和第二组的评估分数。

利用第一次与第二次评估分数之间的相关关系和皮尔逊积矩相关系数估计测验的信度,详见文献[7]中的总相关系数。

2. 复本信度法

这种方法的关键开发在内容、响应过程和统计特性方面等价的替代试验表单。例如,对于几种通用的智力试验存在替代形式,并且这些试验通常被视为等效的[7]。

使用并行试验模型,可以开发两种等价形式的试验,即一个人在 A 表上的真实分数与 B 表上的真实分数等效。如果两种形式的试验都对一定数量的个体进行,则 A 表和 B 表上的分数之间的差异可能是由于测量误差造成的[7]。

这种方法将测量的两部分作为互相替代形式,它为复本信度法所面临的问题(开发替代形式的困难)提供了一个简单的解决方案,包括:

(1) 对一组个体进行试验。

(2) 将试验一分为二。

(3) 将试验的一半成绩与另一半成绩进行联系比较。

在很多情况下,人们需要在产品投入生产之前对产品的性能做出预计,这意味着需要在生产或保修数据可供分析之前进行预计。许多公司都有产品开发计划,这就要求设计工程师在项目被允许进入以下阶段(构建原型、预制造和完全制造)之前,创作出满足一定可靠性目标的设计,这样做是为了避免企业在设计完成之前将大量资源投入到可靠性未验证的产品中。想要避免这样的问题是十分困难的,因为一个新的设计可能包含没有试验过的组件或子系统,并且没有客户现场使用的记录。新的设计一般都包含全新的项目,而不是重新设计具有先验历史记录的组件或子系统[7]。

在有些情况下,企业可能没有能力、资源或时间来试验系统的某些(非关键的)组件/子系统,但仍然需要使用这些组件故障率的估计来完成其系统可靠性分析。

最后,制造商常常需要提交可靠性预计的分析结果,预计的准则通常是基于特定的预计标准以及他们对项目的投标或建议。

以下是与基于标准的可靠性预计相关的一些优点和缺点[7]。

使用基于标准的可靠性预计的优点是:

(1)当系统中某些组件/子系统的数据不可用时,基于标准的可靠性预计可以帮助完成系统可靠性框图(RBD)或故障树分析(FTA)。

(2)这种可靠性预计的方法有时会被政府或商业合同以招标的目的接受或在合同中明确需要采用这种方法。

使用基于标准的可靠性预计的缺点是:

(1)依赖的标准可能无法反映产品实际性能。

(2)虽然基于标准的可靠性预计针对在不同的使用水平和环境条件下的执行预计,但这些条件可能不能准确地反映产品的实际应用情况。

(3)之前使用的旧版本的标准没有及时更新,不能反映技术的最新进步。

(4)这种预计的结果是一个恒定的故障率估计,只能在指数可靠性模型的背景下使用(没有损耗和早期的失效)。这并不一定适用于所有组件,也不适用于大多机械部件。此外,在可靠性分析的某些方面,如预防性维修分析和退化分析,不能对遵循指数分布的组件/子系统执行。

因此,这种可靠性预计方法的主要缺点是不能反映产品的实际性能。所以,可靠性预计的结果可能与现场结果有很大差异,最终导致可靠性预计失败。

1.1.5 平均故障间隔时间(MTBF)的可靠性预计

当电子和机械部件、系统和项目的可靠性对生命安全至关重要时,ITEM ToolKit 等可靠性预计工具是必不可少的。为商业、军事或其他应用研发的某些产品或系统常常需要绝对的可靠性和一致的性能,然而,电子和机械的产品、系统和部件很容易由于各种环境变量(如热、应力、湿度和运动部件)而导致崩溃。需要注意的主要问题不是是否会失效,而是"什么时候会发生失效?"

可靠性是一种对故障频率随时间变化的度量[7]。

1.1.6　可靠性相关软件

ITEM ToolKit[7]的可靠性软件模块提供了用户友好的界面,允许用户使用模块的交互工具构建、分析和显示系统模型,能够更容易构建层次结构和添加新组件。ToolKit 可以计算系统中新组件相关的故障率、平均故障间隔时间,以及整个系统故障率。项目数据可以通过网格视图和对话框视图同时查看,从而可以用最少的工作量执行可靠性预计。

每个可靠性预计模块的设计目的是根据适当的标准分析和计算组件、子系统和系统故障率。ITEM ToolKit 的集成环境具有强大的转换功能,在分析完成后,可以将数据传输到其他可靠性软件模块。例如,可以将 MIL-217 项目数据用于失效模式、影响及危害性分析(FMECA)或者将贝尔通信研究所的项目数据帮助完成可靠性框图(RBD)。这些强大的功能可以尽可能多地传输可用信息,从而节省时间和精力[7]。

以下是瑞蓝公司(ReliaSoft)对可靠性预计[8]现状分析中的一段描述:

为了获得更高的产品可靠性,从设计阶段开始就要综合考虑可靠性问题。这就引出了可靠性预计的概念,可靠性预计的目标并不局限于预计是否能够达到可靠性目标,如平均故障间隔时间,它还可以用于:

(1) 识别潜在的设计缺陷。

(2) 评估设计的可行性。

(3) 比较不同的设计和全寿命周期成本。

(4) 提供系统可靠性/可用性分析的模型声明。

(5) 协助预算分配和日程安排等业务决策。

一旦产品的原型可用,就可以开展实验室试验来获得可靠性预计。准确预计电子产品的可靠性需要了解组件、设计、制造工艺和预期的操作条件。为了实现电子系统和元件的可靠性预计,已经开发了几种不同的方法,每种方法都有其优缺点。以下是政府和工业界经常使用的 3 类方法:

(1) 经验法(基于标准)。

(2) 失效物理。

(3) 寿命试验。

下面对这 3 种方法进行说明解释。

1. 1. 6. 1　电子设备可靠性预计手册(MIL-HDBK-217) 预计方法

MIL-HDBK-217 在军事和商业领域非常有名。MIL-HDBK-217F 版本于 1991 年发布,并进行了两次修订。

MIL-HDBK-217 预计方法出两部分组成:一部分称为元器件计数法;另一部分称为元器件应力法[8]。元器件计数法假设元器件复杂度、环境温度、各种电应力、操作模式和环境(称为基准条件)的典型操作条件。在基准条件下,元器件的失效率为

$$\lambda_{b,i} = \sum_{i=1}^{n} (\lambda_{ref})_i$$

式中:λ_{ref} 为基准条件下的失效率;i 为元器件数量。

由于元器件不能在基准条件下运行,所以实际运行条件下的失效率可能与"元器件计数"方法给出的失效率不同。因此,元器件应力法需要考虑特定的元器件复杂性、应用应力、环境因素等,这些校正称为 Pi 因子。例如,MIL-HDBK-217 中提供了多种环境条件,用 π_E 表示,范围从"地面友善环境"到"导弹发射环境"。该标准还提供了多层次质量规范,用 π_Q 表示。特定操作条件下元器件的失效率为

$$\lambda = \sum_{i=1}^{n} (\lambda_{ref,i} \times \pi_S \times \pi_T \times \pi_E \times \pi_Q \times \pi_A)$$

式中:π_S 为应力因子;π_T 为温度因子;π_E 为环境因子;π_Q 为质量因子;π_A 为校正因子。

1. 1. 6. 2　贝尔通信研究所(Bellcore) /卓讯科技(Telcordia) 预计法

贝尔通信研究所是一家电信研发公司,为 AT&T 及其所有者提供联合研发和标准制定服务。贝尔通信研究所认为军用手册中的商用产品的应用方法存在不足,因此为商用电信产品设计了新的可靠性预计标准。后来,该公司被科学应用国际公司(SAIC)收购,公司更名为卓讯科技。卓讯科技公司继续修订和更新贝尔通信研究所标准。目前,有两个更新版本:SR-332 第 2 期(2006 年 9 月)和 SR-332 第 3 期(2011 年 1 月),标题都是"电子设备可靠性预计程序"。

Bellcore/Telcordia 标准假设电子元器件的串行方式,并利用方法 1、2 和 3 处理早期失效阶段和稳态阶段的失效率。

(1) 方法 1:类似于 MIL-HDBK-217F 元器件计数法和元器件应力法,提供通用的失效率和三部分应力因子(设备质量因子 π_Q、电应力因子 π_S 和温度应力因子 π_T)。

(2) 方法 2:将方法 1 与依照特定的 SR-332 标准进行的实验室试验数据相结合。

（3）方法3：根据 SR-332 标准采集的现场跟踪数据对失效率进行统计和预计。在方法3中，预计失效率是一般稳态失效率和现场失效率的加权平均值。

1.1.6.3 经验法总结

虽然经验预计标准已使用多年，但是需要谨慎使用这种方法。下面结合工业、军事和学术界发表的论文对经验法的优缺点作简要总结[8]。

经验法的优点如下：

（1）易于使用，可提供较多的组件模型。

（2）该方法作为固有的可靠性指标，其性能相对较好。

经验法的缺点如下：

（1）传统模型使用的大部分数据已经过时。

（2）组件的失效并不总是因为组件的内在机制的问题，而可能是由系统设计方面引起的。

（3）可靠性预计模型是基于行业失效率的平均值，既不特定于供应商，也不特定于设备本身。

（4）很难收集到定义校正因子所需的优质现场和制造数据，如 MIL-HDBK-217 中的 Pi 因子。

1.1.7　失效物理法

与基于历史失效数据统计分析的经验可靠性预计方法相比，失效物理法是基于对失效机制的理解，并将失效物理模型应用于试验数据。接下来讨论几种常用的模型。

1.1.7.1 阿伦尼乌斯定律

最早的加速模型中有一种预计了系统失效时间如何随温度变化，这个基于经验性的模型称为阿伦尼乌斯方程。一般来说，提高系统温度可以加速化学反应。由于这是一个化学过程，所以提高工作温度可以加速电容器（如电解电容器）的老化。模型采用以下形式：

$$L(T) = A\exp\left(\frac{E_a}{kT}\right)$$

式中：$L(T)$ 为与温度相关的寿命特性；A 为比例系数；E_a 为实验活化能；k 为玻耳兹曼常数；T 为温度。

1.1.7.2 艾林模型和其他模型

虽然阿伦尼乌斯模型强调反应对温度的依赖性，但艾林模型通常用于证明反应对温度以外的应力因素的依赖性，如机械应力、湿度或电压。艾林模型[8]的标准方程为

$$L(T,S) = AT^{\alpha} \exp\left[\frac{E_a}{kT} + \left(B + \frac{C}{T}\right)S\right]$$

式中:$L(T,S)$ 为与温度和其他应力相关的寿命特性;A、α、B 和 C 为常数;S 为除温度之外的应力因子;T 为热力学温度。

根据不同的失效物理机制,可以删除或添加一个因子(如应力)到标准的艾林模型中。多种模型都近似于标准的艾林模型。

含铝或铝合金的电子器件,经少量铜和硅金属化后,容易发生腐蚀失效,因此可以用以下模型[8]描述:

$$L(\mathrm{RH}, V, T) = B_0 \exp\left[(-\alpha)\mathrm{RH}\right] f(V) \exp\left(\frac{E_a}{kT}\right)$$

式中:B_0 为任意比例因子;$\alpha = 0.1 \sim 0.15/$相对湿度($\%\mathrm{RH}$);$f(V)$ 为施加电压的未知函数,经验值为 $0.12 \sim 0.15$。

1.1.7.3 热载流子注入模型

热载流子注入是指在金属氧化物半导体场效应晶体管(MOSFEFS)中,载流子获得足够的能量注入栅极氧化物,产生界面或大块氧化物缺陷,降低阈值电压、跨导等 MOSFET 特性的现象。

对于 n 通道器件,有

$$L(I,T) = B(I_{\mathrm{sub}})^{-N} \exp\left(\frac{E_a}{kT}\right)$$

式中:B 为任意比例因子;I_{sub} 为施加应力期间的峰值衬底电流;N 为 $2 \sim 4$ 之间(通常为 3)的值;$E_a = -0.1 \sim -0.2\mathrm{eV}$。

对于 p 通道器件,有

$$L(I,T) = B(I_{\mathrm{gate}})^{-M} \exp\left(\frac{E_a}{kT}\right)$$

式中:B 为任意比例因子;I_{gate} 为施加应力期间的峰值栅电流;M 为 $2 \sim 4$ 之间的值;$E_a = -0.1 \sim -0.2\mathrm{eV}$。

瑞蓝公司出版的《电子产品可靠性预计方法》(*Reliability Prediction Methods for Electronic Products*)一书中[8]指出:

由于电子产品通常具有较长的使用寿命(浴盆曲线的恒定线),一般可以用指数分布来建模,因此上述失效模型的物理寿命特征可以用平均故障间隔时间(MTBF)来描述。然而,如果产品没有表现出恒定的失效率,就不能用指数分布来描述,那么寿命特性通常不会是 MTBF。例如,对于威布尔分布,寿命特性是尺度参数 η,而对于对数正态分布,寿命特性是对数平均值。

1.1.7.4　布莱克模型

电迁移是由在外加电场中运动的电子向构成互连材料晶格的离子传递动量而引起的一种失效机制。最常见的失效模式是"导体开路"。随着集成电路(IC)结构的降低，电流密度的增加，使得这种失效机制在集成电路的可靠性中发挥着非常重要的作用。

20世纪60年代末，J. R. 布莱克(J. R. Black)建立了一个经验模型，将电迁移考虑在内，估计了一根导线的平均失效前时间(MTTF)，现在通常称为布莱克模型。布莱克采用外部加热和增加电流密度方式来构造模型，其模型由下式给出：

$$MTTF = A_0 \left(J - J_{threshold} \right)^{-N} \exp \left(\frac{E_a}{kT} \right)$$

式中：A_0 为基于互连的横截面积的常数；J 为电流密度；$J_{threshold}$ 为阈值电流密度；E_a 为活化能；k 为玻耳兹曼常数；T 为温度；N 为指前因子。

电流密度 J 和温度 T 是设计过程中影响电迁移的因素。文献中已经报道了许多不同应力条件下的试验，其中 $N = 2 \sim 3.3eV$，$E_a = 0.5 \sim 1.1eV$，通常数值越低，估计越保守。

1.1.7.5　失效物理法总结

一个给定的电子元件会有多个失效模式，该元件的失效率等于所有模式(湿度、电压、温度、热循环等)的失效率之和。该方法的作者提出，系统的失效率等于相关部件的失效率之和。在使用上述模型时，可以根据设计规范或操作条件确定模型参数。只有在试验中获得失效数据才可以确定模型参数，在没有试验的情况下是无法确定参数的。瑞蓝公司的软件产品 ALTA 可以帮助分析失效数据，如可以用来分析阿伦尼乌斯模型。在这个例子中，电子元件的寿命被认为会受到温度的影响，元件使用温度为400K，让其在406K、416K 和426K 的温度下进行试验，可以采用阿伦尼乌斯模型和威布尔分布在 ALTA 中对失效数据进行分析。

失效物理法的优点如下：

(1) 基于失效的物理原理对潜在失效机制建模。

(2) 在设计过程中，可以确定每个设计参数的可变性。

失效物理法的缺点如下：

(1) 试验条件不能准确模拟现场条件。

(2) 需要详细的组件制造信息，如材料、工艺和设计数据。

(3) 分析复杂，应用成本高昂。

(4) 很难(几乎不可能)评估整个系统。

由于这些原因的限制，失效物理法不是一种实用的方法。

1.1.8　寿命试验法

如前所述,寿命试验的失效时间数据可以纳入一些经验预计标准(Bellcore/Telcordia 方法 2),也可能需要估计一些失效物理模型的参数。但是,寿命试验法一词专门指用于预计电子产品可靠性的第 3 种方法。利用这种方法对在正常使用条件下运行足够大的装置样本进行试验,记录失效时间,然后用适当的统计分布进行分析,用来估计可靠性指标(如 B10 寿命)。这种类型的分析通常称为寿命数据分析或威布尔分析。

瑞蓝公司的 Weibull++软件是一个进行寿命数据分析的软件工具。例如,在实验室中对集成电路板进行了试验,并记录了失效数据,但因为加速寿命试验(ALT)方法没有建立在现场条件准确模拟的基础上,所以无法获得长期使用的失效数据。

1.1.8.1　结论

在瑞蓝公司的文章[8]中,讨论了电子可靠性预计的 3 种方法。在预设计阶段可以使用经验法(或基于标准),这与实际应用中的理论方法接近,可以快速获得产品可靠性的粗略估计。失效物理和寿命试验法可以在设计和生产阶段使用,当使用失效物理法时,模型参数可以从设计规范或试验数据中确定。但在使用寿命试验法时,由于失效数据的存在,预计结果往往不如一般标准模型的预计结果准确。

由于这些原因,传统的可靠性预计方法在工业应用中往往不成功。

另一个重要的原因是:这些方法没有结合获得精确初始信息的系统来计算使用期间的可靠性预计结果。

ANSI/VITA 51.2 标准[9]中涉及的一些主题包括可靠性数学、数据的组织和分析、可靠性建模和系统可靠性评估技术。在计算相关部件的可靠性时,考虑了环境因素和应力,描述了模型、方法、过程、算法和程序的局限性。维护系统旨在帮助工作人员分析更具现实假设的系统。故障树分析(FTA)也被广泛讨论。书中示例和插图可以帮助读者解决他们自己的实践领域的问题,这些章节提供了主题的指导性介绍,解决了初学者的预期困难,同时满足了更有经验的读者需求。

自从第一台计算机问世以来,失效一直是一个待解决的问题。元件被烧坏、电路短路或断开、焊点失效、引脚弯曲以及金属在连接时发生不良反应等失效机制一直困扰着计算机行业。

因此,计算机制造商认识到可靠性预计对其产品的盈利能力和全寿命周期的管理非常重要。他们使用这些预计方法有多种原因,包括 ANSI/VITA 51.2[9]

中详述的原因：

使用这些预计方法可以协助评估产品可靠性对维护活动和备件数量的影响，这些维护活动和备件数量用于保障特定系统的可接受现场性能。可靠性预计可用于确定所需备件的数量和预计单元级的预期维修频率。

可靠性预计的原因：

（1）预计电子产品的可靠性需要了解组件、设计、制造过程和预期的操作条件。一旦产品原型可用，就可以利用试验来获得可靠性预计的结果。现已开发了几种不同的方法来预计电子系统和元件的可靠性，在这些方法中，政府和工业界通常使用的 3 种方法为经验预计法（基于标准）、失效物理法和寿命试验法。

（2）经验预计法是基于对历史失效数据的统计曲线拟合而建立的模型，这些数据可能来自现场、组织内部或制造商。这些方法倾向于对相似或稍做修改的零件提出合理的可靠性估计。结合已有的工程知识，可以对曲线函数中的一些参数进行修改。假设系统或设备的失效原因本质上与失效相互独立的部件有内在联系，许多不同的经验方法已被创造出来用于特定应用场景。

（3）失效物理法的基础是对失效机理的认识，并将失效物理模型应用于失效数据中。失效物理法是一种识别和描述导致电子元件失效的物理过程和机制的方法。将物理和化学的确定性公式结合起来的计算机模型是失效物理法的基础。

虽然这些传统方法提供了良好的理论方法，但它们无法反映或解释在产品使用寿命期间发生的使用活动引发的实际可靠性更改，以及实际输入对产品可靠性的影响。由于这些原因，传统方法无法有效地预计产品的可靠性。

1.1.8.2 旧方法的失败之处

如今我们不难发现预计电子产品可靠性的旧方法已经开始无法满足我们更高的需求了。几十年来，MIL-HDBK-217 手册一直是可靠性预计的基础。但是，随着我们进入纳米几何半导体及其失效模式的领域，MIL-HDBK-217 正迅速丧失了其在可靠性预计领域的领导地位。长期建立的方法的未来不确定性使得许多业内人士在寻找新的替代方法。

与此同时，半导体供应商已经能够大幅提高元件可靠性和使用寿命，所以他们开始慢慢地减少 MIL-STD-883B 试验，而许多供应商已经放弃了他们的军用规格零件的生产线。造成这种情况的一个主要原因是：他们不再专注于军用规格的零件，而是将注意力转移到商用级零件上，这些零件的单位体积要大得多。最近，军事市场的购买力已经下降到不再具有支配地位和影响力的地步。相反，系统构建人员将他们的商业级设备送到实验室进行试验，发现大多数的设备实际上可以在军用规格要求的扩展温度范围和环境条件下可靠地运行。此外,多年来收集的现场数据改善了许多用于可靠性预计复杂算法所需的经验数据[10-14]。

欧洲电源制造商协会[15]为工程师、运营经理和应用统计学家提供了定性和定量工具,用来解决各种复杂的、现实世界中的可靠性问题。还附带有大量的实例和案例研究[15]:

(1)全面覆盖产品全寿命周期各阶段的评估、预计和改进。

(2)清晰解释了从单个部件到整个系统的硬件建模和分析。

(3)全面覆盖试验设计和可靠性数据的统计分析。

(4)提供了关于软件可靠性的特别章节。

(5)覆盖了可靠性、产品支持、试验、定价和相关主题的有效管理。

(6)提供了技术信息、数据和计算机程序的来源列表。

(7)提供了数百个图形、图表和表格,以及 500 多个参考文献。

(8)威立编辑部还会提供相关的幻灯片。

Gipper[16]全面概述了可靠性的定性和定量方面的内容,介绍了与可靠性有关的数学和统计概念,包括重要的参考书目和资源清单,包括期刊、可靠性标准、其他出版物和数据库。个别主题的覆盖面虽不是很深,但可为从事可靠性工作的工程师或统计专业人员提供有价值的参考。

还有许多其他出版物(主要是文章和论文)涉及可靠性预计方法学的当前情况,仅在可靠性与可维护性研讨会论文集(RAMS)中就发表了 100 多篇与可靠性预计相关的论文。例如,RAMS 2012 年发表了 6 篇论文,其中大部分与软件设计和开发中的可靠性预计方法有关。

基于物理的建模与仿真以及经验可靠性一直是计算机图形学研究的热点。

以下是《可靠性与可维护性研讨会论文集》中可靠性预计部分文章的摘要。

(1) Cai et al.[17]提出了一种考虑环境变化和产品个体离散的现场可靠性预计方法。将具有漂移的维纳扩散过程用于退化建模,并引入一个表示退化速率的链接函数来模拟不同环境和个体分散影响。研究采用伽马分布、变换伽马分布(T-Gamma)和不同参数的正态分布来模拟右偏、左偏和对称应力分布。结果表明,在可靠性、失效强度、失效率等方面与恒应力状态以及各因素之间存在明显差异。研究结果表明,适当的环境应力模型(适当的分布类型和参数)对多种面向环境的可靠性预计是可以起作用的。

(2) Chigurupati et al.[18]研究了机器学习技术的预计能力,提高在实际失效之前预计单个部件失效时间的能力。一旦预测到失效的产生,就可以在实际发生之前修复即将发生的问题。研究人员开发的算法能够监视 14 个硬件样本的健康状况,并及时通知样本即将发生的故障,使人们有足够的时间在实际故障发生之前修复问题。

(3) Wang et al.[19]论述了卫星空间辐射环境可靠性的概念,建立了空间辐射环境可靠性预计模型,确立了系统失效率、空间辐射环境失效率和非空间辐射环境失效率之间的关系。从 3 个方面提出了一种空间辐射环境可靠性预计方法:

① 将空间辐射环境可靠性引入 FIDES、MIL-HDBK-217 等传统可靠性预计方法。

② 将单粒子效应(SEE)、总剂量辐射效应(TID)和位移损伤效应(DD)的独立的总体硬件失效率和软件失效率相加,求出空间辐射环境总体可靠性失效率。

③ 将总剂量辐射效应/位移损伤效应转化为等效失效率,并考虑在日历年内工作时间的运行条件下由失效机制引起的单粒子效应。对小载荷的预测应用实例进行了说明,将空间辐射环境可靠性预计的模型和方法与现场可编程门阵列的总剂量辐射效应和单粒子效应产生的地面试验数据一起使用。

(4) 为了合理利用分层结构的退化数据,Wang et al.[20]首先从一个系统和子系统中收集并分类了可行的退化数据;其次,引入支持向量机方法对层次退化数据之间的关系进行建模,将各子系统的退化数据集成并转换为系统退化数据;再次,利用这些处理后的信息,提出了一种基于贝叶斯理论的预计方法,得到了分层产品的全寿命周期;最后,以某能源系统为例,对文中的方法进行了说明和验证,同时该方法也适用于其他产品。

(5) Jakob et al.[21]在不同的设计阶段使用了关于失效发生和可靠性的知识。为了展示这种方法的使用潜力,介绍了一种电子制动系统的应用。第一步中提出的方法显示了基于相应加速度模型的失效物理研究。通过对加速因子的了解,可以确定系统各部件在各设计阶段的可靠性。如果每个设计阶段所发生的失效机制是相同的,则可以使用早期设计阶段所确定的可靠性作为预期储备知识。为了计算系统的可靠性,要将系统各部件的可靠性值结合起来。文中研究了样本量、试验应力水平和试验持续时间等因素对可靠性的影响,如前所述,电子制动系统作为待研究的系统,采用加速试验的方法进行试验(在较高的应力水平下进行试验)。如果应用了预备知识,并且观察到相同的试验持续时间,则可以得出更高的可靠性水平的结论。另外,与不使用先验知识确定可靠性相比,上述方法可以减少样本量。结果表明,该方法适用于电子制动系统等复杂系统的可靠性分析。确定加速因子(在使用条件下的寿命与在试验条件下的寿命之比)需要了解准确的现场条件,因为在许多情况下很难做到这一点,所以有必要进行进一步的研究。

（6）现今的设计产品具有复杂的接口和边界，不能依赖于 MIL-HDBK-217 方法来预计可靠性。Kanapady et al.[22] 提出了一种较好的可靠性预计方法，用于高可靠性项目的设计和开发，而传统的预计方法无法完成这项工作。该方法预计了焊球的可靠性，对其进行了灵敏度分析，确定了能够缓解或消除失效模式的因素。采用概率分析方法（如工作负荷法）来评估失效模式发生的概率，该方法根据失效模式发生的概率及其影响的严重程度，为失效模式的排序提供了一种结构化方法。

（7）微电子器件的可靠性随着每一代技术的发展而不断提高，而电路的密度大约每 18 个月就会翻一番。Hava et al.[23] 对部署了 8 年的大量移动通信产品的现场数据进行了研究，用于检验该领域的可靠性趋势。他们推断出一系列微处理器的预期失效率，并发现一个显著的趋势，即电路故障率的增长速度约为技术发展速度的 1/2，在同样的 18 个月期间增长了约 $\sqrt{2}$ 倍。

（8）Thaduri et al.[24] 研究了恒分数鉴别器在核领域的引入、功能和重要性。此外，温度和剂量率作为输入特性影响输出脉冲性能，还对该可靠性和退化机制作了适当的解释。执行加速试验的目的是确定关于晶体管-晶体管逻辑脉冲输出幅度退化的组件寿命试验，对失效时间进行适当量化和相应的建模。

（9）Thaduri et al.[25] 还讨论了几种电子元器件的可靠性预计模型，并对这些方法进行了比较。使用仪表放大器和双极型晶体管（BJT）设计并实现了一种用于比较预计成本的组合方法。通过使用失效物理法，在研究的基础上选择主应力参数，并对其进行了仪表放大器和双极型晶体管试验。该程序采用本书所述的方法实现，并对性能参数进行了相应的建模。根据规定的失效准则，计算两个部件的平均失效前时间。同样，利用 217Plus 可靠性预计手册中的方法计算平均失效前时间，并与失效物理预计法的结果进行比较。然后，讨论和比较了这两种组件的成本影响，对于放大器等关键部件，虽然失效物理预计法的初始成本过高，但包括惩罚成本在内的总成本低于传统可靠性预计方法。但是对于像双极型晶体管这样的非关键部件，与传统方法相比，失效物理预计法的总成本过高，因此传统方法的效率更高。除此之外，也对两种可靠性预计方法比较了其他几个因素。

现今，市面上还存在许多可用的可靠性预计方法的文献。

MIL-HDBK-217F 手册[26] 的目的是建立和保持一致、统一的方法来评估军用电子设备和系统的固有可靠性（成熟设计的可靠性）。它为军事电子系统和装备采购项目中的可靠性预计提供了通用的基础，还为比较和评估相关性或竞争性设计的可靠性预计奠定了基础。

另一个值得探讨的文件是 SR-332 第 4 期[27]的卓讯科技的文件。这个文件提供了预计设备和单元的硬件可靠性所需的所有工具,并包含对文档的重要修订。卓讯科技的可靠性预计程序在电信行业内外有着悠久而卓越的应用历史,SR-332 的第 4 期提供了唯一的硬件可靠性预计程序,该程序是在主要工业公司的投入和参与下制定的,使得程序和从中得出的预计结果具有极高的可信度,个人供应商或服务供应商不会对预计结果产生质疑。

SR-332 第 4 期包含以下内容:

(1)用于预计设备和单元硬件可靠性的推荐方法。这些技术估计使用 FIT① 预计电子设备的平均失效率。该程序还提出了一种预计串行系统硬件可靠性的推荐方法。

(2)为方便计算可靠性预计结果所需的表格。

(3)基于许多组件的新数据,修正了通用设备的失效率。

(4)扩展了设备的复杂性范围,并增加了新设备。

(5)根据现场数据和可靠性预计的经验修订了环境因子。

(6)为论坛参与者提出的项目和用户经常提出的问题提供说明和指导。

Lu et al.[28]描述了一种实时可靠性预计方法,适用于在动态条件下运行的单个产品单元。条件可靠性评估的概念被扩展到使用时间序列分析技术的实时应用中,以弥补物理测量和可靠性预计之间的差距。该模型基于经验测量、能够自生成并且适用于在线应用,这种方法已经在原型层面得到了验证。通过测量和预计物理性能的时间变化以评估可靠性,采用时间序列分析方法对系统性能进行预计,预计时采用具有线性水平和趋势自适应的指数平滑法进行处理。此过程是递归运算,并提供与条件可靠性评估直接相关的短期、实时性能预计。失效线索必须存在于物理信号中,并且必须根据物理度量来定义失效。在线、实时的性能可靠性预计可用于操作控制和预防性维护。

《工程统计电子手册》(Engineering Statistics e-Handbook)[29]8.1 节考虑了寿命或维修模型。如上所述,可修复和不可修复可靠性总体模型会有一个或多个未知的参数。经典统计方法将这些参数视为固定但未知的常数,使用从相关群体中随机抽取的样本数据进行估计(猜测)。未知参数的置信区间实际上是从样本计算出真实参数可能性的频率说明。严格地说,不能对真实参数作概率陈述,因为它是固定的,不是随机的。另一方面,贝叶斯方法将这些总体模型参数视为随机的、非固定的数量。在查看当前数据之前,它使用旧信息甚至主观判断来构建这些参数的先验分布模型。这个模型表达了对未知参数各种可能值的

---

① FIT,表示每运行 10^9 h 内出现一次故障。——译者注

初始评估。然后,利用当前的数据(通过贝叶斯公式)来修改这个初始评估,得出总体模型参数的后验分布模型。参数估计以及置信区间(称为可信区间)直接从后验分布中计算出来。可信度区间是关于未知参数的合理概率的陈述,因为这些参数被认为是随机的,而不是固定的。

不幸的是,在大多数应用程序中,可能不存在用来验证所选的先验分布模型的数据,但参数贝叶斯先验模型由于其灵活性和数学便捷性而常被选用,共轭先验模型是贝叶斯先验分布模型的一种优先选择。

1.1.9　小结

(1) 1.1 节得出的结论是:讨论的大部分方法难以在实践中成功使用。

(2) 上述问题的根本原因是未与获取准确初始信息的必要信息源紧密连接,这些信息是计算产品全寿命周期中变化的可靠性参数所需的。

(3) 本节讨论了可靠性预计的 3 种基本方法:

① 基于历史失效数据模型统计分析的经验可靠性预计方法,是由统计曲线发展而来的。这些方法不是对现场情况的精确模拟,并且无法获得准确初始信息来计算产品或技术服务寿命期间动态变化的失效(退化)参数。

② 失效物理法是基于对失效机制的理解,将失效物理模型应用于数据的方法。然而,在新产品/技术模型的设计和制造阶段,无法获得关于使用寿命的数据。在开发阶段,无法获得在使用寿命期间来自现场的准确的初始信息。

③ 基于实验室或试验场的寿命试验可靠性预计方法,在实验室中使用加速寿命试验(ALT),但其不能准确地模拟产品/技术使用寿命期间在现场遇到的参数变化。

(4) 产品召回、客户投诉、人员伤亡以及重大经济损失都是可靠性预计失败的直接后果。

(5) 实际产品很少表现出恒定的失效率,因此无法通过指数分布、对数正态分布或其他理论分布准确描述其失效率的变化,实际的失效率大多数是随机的。

(6) 可靠性预计通常被认为是一个独立的问题,但在现实生活中,可靠性预计是产品/技术性能预计[30]中一个必不可少的相互作用因素。

分析表明,电子、汽车、飞机、航空航天、交通运输、农业机械等行业产品/技术的可靠性预计方法学方面研究并不十分成功。其根本原因是在产品实际使用过程中,难以获得具体产品预计计算所需的准确初始信息。

准确的可靠性预计需要使用与现实世界相似的信息。许多关于可靠性预计方法方面的出版物都有类似的问题,详见文献[31-40]。

1.2　可靠性预计的应用现状

关于可靠性预计的实际方面的出版物较少,有时作者用一些表示实际可靠性预计的名字来给他们的出版物命名,但是他们所提出的方法在实际应用中并不都能起到作用。

电子社区由来自电子供应商、系统集成商和国防部(DoD)的代表组成,大部分可靠性工作是由严重依赖可靠性数据的用户社区驱动的。BAE 系统公司、柏克德公司、波音公司、通用动力公司、哈里斯公司、洛克希德·马丁公司、霍尼韦尔公司、诺斯罗普·格鲁曼公司和雷声公司都是作为知名需求方为可靠性工程做出重大贡献。这些成员还制定了用来确定电子失效率预计方法的共识文件及相关标准,他们已经共同协作产生了一系列的文件,这些文件已经被美国国家标准学会(ANSI)和 VITA 组织批准。在某些情况下,这些标准为现有标准提供了调整因素。

可靠性社区通过一系列附属规范来解决传统预计实践的一些限制,这些规范包含了行业内执行电子失效率预计的"最佳范例"。成员们认识到,现今有许多工业可靠性方法,每一种方法都有一个管理人和一个可接受的实践方法来计算电子失效率的预计结果。如果需要附加标准供电子模块供应商使用,工作组将考虑新的附属规范。

"ANSI/VITA 51.3 支持可靠性预计中鉴定和环境压力筛选"提供了鉴定水平和环境压力筛选如何影响产品可靠性的有关信息。

虽然它们有时称本质上为经验的预计方法为"实用方法",但这些方法并不能在产品的使用寿命期间提供准确和有效的预计,让我们简要回顾一下相关的出版物。

David Nicholls[41](大卫·尼克尔斯)概述了以下领域相关的可靠性预计方法:

(1)最近 25 年,可靠性工程界一直在热烈讨论如何适当使用基于经验和物理的可靠性模型,以及相关的成效性、局限性和风险性。

(2)可靠性信息分析中心一直密切参与这一辩论,它为 MIL HDBK-217 开发了模型,以及其他如 217Plus 等基于经验的方法。为了支持失效物理方法在可靠性预计方面的使用,可靠性信息分析中心还出版了与失效物理建模方法相关的书籍,并对基于物理的模型开发了 Web 可访问的数据库。在美国国防部资助的文件中,还发布了确定未来可靠性预计方法的理想属性。

(3)经验预计方法(特别是基于现场数据的方法)主要是根据实际环境和

操作压力的复杂性计算平均失效率。一般情况下,只有在没有实际相关比较数据的情况下才可以使用这些方法。因为这些方法预计的实际现场失效率极其不准确,而且主要用于验证合同可靠性要求,所以这些方法经常受到业界的批评。

(4) 如果你被禁止使用一种远胜过其他方法的预计方法,并且这种方法被认为是"不准确的",或者是劳动密集型/成本效率过低的方法,那么即使协议允许的话你会怎么做?

(5) 我们还需要注意,术语的"预计""评估"和"估计"在文献中并不总是可区分的。

(6) 一个典型的错误是,将实际现场的可靠性数据与原始预计数据进行比较时,缺少现场根本故障原因与可靠性预计方法的预期目标/覆盖范围之间的联系。例如,MIL HDBK-217 只涉及电子和机电元件,现场故障的根本原因可以追溯到机械部件、软件、制造缺陷等,不应该根据 MIL-HDBK-217 预计手册来评分。

(7) 用于经验预计或基于失效物理预计的数据具有各种影响因素,使用这些数据将影响评估时的不确定性。其中最重要的因素之一是相关性。相关性是指预计的结果和装备产品/系统体系结构、复杂性、技术、环境/操作压力之间的相似性。

(8) 基于现场数据的经验可靠性预计模型本质上解决了与现场可靠性相关的所有失效机制,无论是显式机制(如基于温度的因子)还是隐式机制(包含所有未明确强调失效机制的一般环境因子)都得到了解决。但是,这种模型不评估也不考虑这些不同机制对特定失效模式的影响,也不考虑"寿命终止"的问题。

(9) 为确保对基于失效物理的预计结果进行客观解释,还需要思考以下的问题:

① 通过可靠性预计可以解决哪些失效机制/模式?

② 与通过可靠性预计没有解决的失效机制/模式相关的可靠性或安全风险是什么?

③ 可靠性预计过程中是否考虑了失效机制之间的相互作用(如最大振动水平和最低温度水平的组合)?

综上所述,尼克尔斯提出以下的结论:

(1) 读者可能已经注意到,这篇论文提出了一个从未被提及的问题:"即使所有的假设和理由都被仔细地记录下来并清楚描述,如何才能确保预计的结果不会被误解或误用?"

（2）遗憾的是，结果是"你避免不了"。如果不采取措施来进行技术上有效并且可支持的分析，基于经验和失效物理的预计方法就需要证明为什么预计的可靠性不能反映现场测量的可靠性。

从上述信息中我们可以得出结论，目前工程中的预计方法主要与计算机科学有关，即使在计算机科学中使用的预计方法也不完全是成功的。考虑到这一事实，关于预计，尤其是与汽车、航空航天、飞机、高速公路、农业机械和其他相关是准确预计，我们所知的是否更少呢？我们需要知道，在这些领域，可靠性预计的发展更加不足。

Theil[42]（泰尔）提出了一种实际工程应用的疲劳寿命预计方法：

（1）这种方法将过载事件的影响考虑在内。

（2）通过对金属样品进行单轴试验来完成验证。

在产品的使用寿命期间，除了通常遇到的操作负载外，还会出现高负载循环。因此，开发一种精确的疲劳寿命预计规则是非常重要的，该规则将屈服强度附近和略高于屈服强度的过载考虑在内，在设计应力水平上以最小的努力用于实际工程。

泰尔的论文[42]提出了一种在恒定振幅载荷控制下的基于 S/N 曲线的疲劳寿命预计方法。文中简要讨论了该方法与帕姆格伦-迈因纳（Pâlmgren-Miner）线性累积损伤规则的异同。利用所提出的方法，从物理角度对帕姆格伦-迈因纳规则进行了解释，并借助于实际两个模块加载的示例问题进行了说明。

然而遗憾的是，统计可靠性预计与现场性能基本不相关，其根本原因是在试验方法中对真实世界的交互条件使用了错误的模拟。

因此，如 1.1 节所述，当前实际的可靠性预计方法无法为业界提供必要或适当的工具来大幅提高产品的可靠性，消除（或大幅减少）产品召回、投诉、经济损失，以及在其他技术和经济方面提升产品的性能。

1.3　可靠性预计的发展历史

"可靠性预计"一词历来被用来表示在系统获得经验数据之前，应用数学模型和数据用来估计系统的现场可靠性的过程[43-44]。

Jones[45]研究了可靠性预计历史的信息，他的工作能够与该领域的总体发展相结合。包括：开发了使用早期寿命数据进行寿命预计的统计模型（预计）；使用非恒定失效率进行可靠性预计；使用神经网络进行可靠性预计；使用人工智能系统支持可靠性工程师的决策；将整体法应用于可靠性；将复杂离散事件仿真应用于设备可用性建模；论证了经典可靠性的弱点；阐述了无故障的基本行为；开发参数漂移模型;应用可靠性数据库来提高系统的可靠性;对航空航天工业中使用新可靠性指标问题的理解。

第二次世界大战期间,电子管是电子系统中的最不可靠的元件。因此,创立了各种研究和特设小组,其目的是确定如何提高电子管的可靠性以及它们所操作的系统的可靠性。20 世纪 50 年代初的一个研究小组得出了以下结论:

(1) 提高可靠性需要从现场收集更高质量的可靠性数据。

(2) 提高可靠性需要开发更好的组件。

(3) 提高可靠性需要建立定量可靠性要求。

(4) 在全面生产之前,需要通过试验来验证可靠性。

规格要求中需要包含定量的可靠性要求,进而导致在设备制造和试验之前需要有一种评估可靠性的方法,以便能够估计实现其可靠性目标的概率。这就是可靠性预计的开始。

随后,在 20 世纪 60 年代,美国海军发布了 MH-217 的第一个版本,这份文件成为进行可靠性预计的标准,其他失效率预计的信息来源逐渐消失。这些早期的失效率预计的信息来源通常包括对电子元件可靠性应用的设计指导。

20 世纪 70 年代初,MH-217 的研制工作被移交给罗马航空发展中心,该中心于 1974 年出版了修订版 MH-217B。虽然这次 MH-217 更新反映了当时的技术,但几乎没有采取有效的措施来改变预计的执行方式。用户社区认为这些措施不切实际、过于复杂和实施成本过高。

虽然 MH-217 进行了多次更新,但在 20 世纪 80 年代,其他机构依旧开发了各自行业特有的可靠性预计模型。例如,美国汽车工程师学会(SAE)可靠性标准委员会开发了一组特定于汽车电子产品的模型,他们认为,目前没有适用于特定质量水平和环境、针对汽车应用的可靠性预计方法。

另一个例子是 Bellcore 可靠性预计标准,它是面向特定行业针对其独特条件和设备开发的方法。但无论开发的方法如何,模型的可用性与其准确性之间的冲突始终是一个无法彻底解决的问题。

20 世纪 90 年代,关于可靠性预计的许多文献都集中在可靠性学科是否应该关注基于失效物理的模型或基于经验的模型(如 MH-217)来确定可靠性。

可靠性预计的另一个关键进展与采办改革的效果有关,采办改革彻底改变了军事标准化的进程。因为这些改革被认为是商业收购过程的障碍,也是国防收购的主要成本驱动因素,所以导致在改革后需要提供一份优先行动的标准化文件清单。

传统方法(如 MH-217)的前提是,失效率主要由组成系统的部件决定。20 世纪 90 年代末开发的预计方法具有下列优点:

（1）这些方法利用所有可用的信息对现场可靠性作出了最佳估计。

（2）它们可以根据不同的需求进行定制。

（3）这些方法存在可量化的统计置信区间。

（4）它们对主要的系统可靠性驱动因素很敏感。

在此期间，一些可靠性专家认为可靠性建模应更多地关注失效物理模型，以取代传统的经验模型。失效物理模型试图确定性地对失效机制建模，而不是使用基于经验数据模型的传统方法。

由于特定的失效机制，失效物理技术可以有效地估计寿命。这些技术有助于确保在给定的时间段内没有可计量的失效机制。然而，失效物理学支持者使用的许多论据都与基于经验的可靠性预计的错误假设相关。在特定的条件下，可以预计给定零件的失效率并不意味着失效率是零件的固有特性。

相反，失效率是缺陷密度、缺陷严重性和操作应力之间的复杂相互作用。因此，使用经验模型预计的失效率是典型的失效率，代表典型的缺陷率、设计和使用条件。

因此，需要权衡模型的可用性和所需数据的详细程度。这突出了一个事实，即在选择方法之前必须清楚地了解可靠性预计的目的。

由此可见，目前工程中的预计方法大多与计算机科学有关，甚至不能有效地预计产品的可靠性。我们需要接受的是：用于汽车、飞机、交通运输、农业机械等的预计方法（尤其是有效的预计方法）还不够先进。

Wong[46]得出了类似的结论：

不准确的可靠性预计可能会导致灾难，如美国航天飞机的故障。需要关注的问题是："现有的可靠性预计方法究竟存在什么问题?"本书研究了预计电子产品可靠性的方法，根据文献中的信息，测量的可靠性与预计的可靠性之间的差距可能高达 5~20 倍。使用 5 本最常用预计手册计算可靠性，预计的可靠性可能有 100 倍的变化。造成预计精度不高的根本原因是许多一阶效应因子没有明确包含在预计方法中。这些因子包括热循环、温度变化率、机械冲击、振动、电源开/关、供应商质量差异、相对于日历年的可靠性改进和老化。从本书提供的数据中可以看出，忽略这些效应因子中的任何一个都可能导致预计的可靠性发生数倍的变化。可靠性与老化时间曲线表明，老化时间从 1000h 到 10000h，可靠性变化了 10 倍。因此，为了提高可靠性预计的精度，必须在预计方法中引入一阶效应因子。

1.4 可靠性预计在工业应用中存在的问题

如图 1-1 所示,可靠性是许多影响产品性能的组件交互作用的结果。如果单独考虑某个组件的可靠性,那么它与实际情况是不同的。可靠性预计只是现实世界中产品性能相互作用的结果之一(产品/技术性能的一个步骤)。克利亚提斯博士[30] 充分考虑了产品性能预计。

正如前面所讨论的,对于工程预计的不同方面有许多方法,文献[47-59]中详细地介绍了这些方法,但还有许多其他出版物与工程预计这一主题相关。

我们还需要思考以下问题:

(1) 怎样得到交互组件性能预计的通用方法(战略和战术)? 可靠性只是产品或技术的性能中众多相互作用的因素之一(图 1-1)。

(2) 如何获得每个特定产品有效性能预计所需的准确初始信息,包括可靠性、安全性、耐久性、寿命周期成本和其他信息?

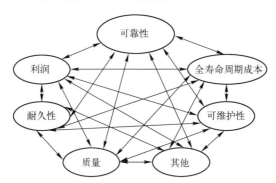

图 1-1 可靠性与交互的性能要素之间的关系

为了解决这些问题,我们需要了解目前使用的方法未能成功解决可靠性预计问题的基本原因。

出现这些问题的一个主要原因是,许多大中型公司的管理结构是分层的,公司管理职责本身不提供或不能充分与其他领域组织的交流与合作,也不是向其他公司提供组件或服务的实体。

这往往会导致公司管理层对产品可靠性预计的分析不充分,并且组织中其他部门对如何影响产品的有效性考虑不足。图 1-2 所示为一个大型组织中4 位副总裁(1、2、3、4)的职责部门,每个副总裁的职责部门都包括一些子部门,如 3a、3b 和 3c 子部门,每个子部门都有相应的类似技术总监的职能人员(图 1-2)。每个子部门主任的职责只涉及其特定的子部门,这就导致了子部门主任之间的沟通不足,但他们的工作内容是相互作用的,会影响到产品的最终可靠性。

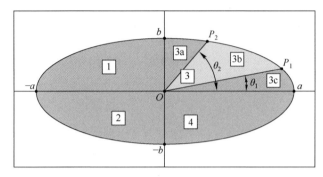

1—第 1 个副总裁区职责区;2—第 2 个副总裁区职责区;3—第 3 个副总裁区职责区;
4—第 4 个副总裁区职责区;3a—第 1 部门总监职责区;3b—第 2 部门总监职责区;
3c—第 3 部门总监职责区。

图 1-2　公司副总裁责任部门

用实践举例,日本汽车变速器设计与制造有限公司副总裁柴山隆(Takashi Shibayama)先生在阅读了本书作者的著作后,表示对在日本汽车变速器设计与制造有限公司实施这些可靠性预计的实践非常感兴趣。柴山隆先生携带了威立出版社出版的《加速可靠性和耐久性试验技术》(*Accelerated Reliability and Durability Testing Technology*)一书参加美国汽车工程师学会(SAE)世界大会。在与克利亚提斯博士讨论后,柴山隆先生和本公司的工程师、经理回到日本,通过电子邮件询问是否可以与日产管理层见面。双方一致同意,将在底特律举行的下一届 SAE 世界大会期间安排一次会议,日产动力系统工程部门的领导将出席此次会议。柴山先生表示,这些人都将成为日产汽车的专家领导者,会直接向日产汽车的最高管理层汇报。

会议参加者中,一位来自发动机部门,一位来自传动系,一位是直接参与人为因素问题的工程总监,另一位是发动机问题的工程总监。首先,他们参加了作者在 2013 年 SAE 世界大会上的演讲、关于可靠性和耐久性加速试验发展趋势的技术研讨会 IDM300 以及作者的"专家交谈"会议。该公司的人员在会议之前已经研读过作者的《加速可靠性和耐久性试验技术》著作,会议期间,他们询问克利亚提斯博士是否愿意帮助他们提高各自领域的可靠性,而克利亚提斯博士回答说他无法完成他们提出的请求。之所以这样回答,是因为他们每个人都负责自己的特定领域,而且没有与日产的其他工程领域互动。克利亚提斯博士强调:车辆的所有部门和部件都是相互作用和相互关联的,如果我们单独考虑每个部件,那么就不可能在可靠性预计方面取得成功的进展。随后他指出,在他书中的第 65 页强调了在复杂产品中解决可靠性问题的必要性,并且强调只要业务的各个领域独立工作,就无法提高整体产品的可靠性预计。

通过与其他工业公司管理层讨论以及对其工作的回顾,我们不难发现类似的情况在其他工业领域中普遍存在,如飞机制造工业。

图 1-3 有助于理解 1.1 节和 1.2 节中关于未能为有效可靠性预计提供准确信息的论述内容。下面对图 1-3 中描述的基本原因做一个简要的概括。

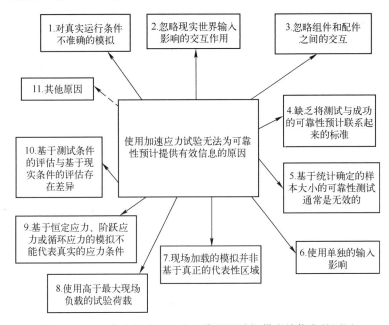

图 1-3　加速应力试验无法为可靠性预计提供有效信息的原因

(1) 可靠性和耐久性评估结果通常在实验室或试验场进行应力试验后直接提供,此评估仅与试验条件有关(实验室或试验场试验)。但是,想要了解试验对象在实际使用中的可靠性或耐久性,实验室或试验场试验结果还不够充分,因为试验对象在现场使用通常会带来概率、随机(通常是非平稳的)特性,所以需要使用比基于实验室(对现场进行简单的模拟)评估更复杂的方法,或提供试验场试验协议。但是这种更复杂的方法很少在业内使用,所以大部分人都采用了更简单的评价方法,然而这些方法不能作为可靠预计的有效方法。

(2) 典型的试验是对几个独立的参数进行的,如振动或温度,可能还包括其他一些参数。但在实际操作中,还有许多其他因素影响试验对象。温度、湿度、空气污染(机械和化学)、辐射(可见光、紫外线和红外线)、空气波动、道路特征

(道路类型、轮廓、密度等)、运动速度、输入电压、静电放电以及其他因素会以不同组合形式呈现。如果实验室或试验场的仿真仅使用此处描述的几种真实世界的多环境输入影响参数,忽略不同参数间的重要交互作用,就会影响可靠性和耐久性的预计。这就是当前加速应力试验不能准确预计产品(无论是组件或在现场完成的产品)的可靠性和耐久性的原因之一。

(3)通常,公司的供应商只使用组件(模块)和构件(单元)进行压力试验,而忽略了这些组件和构件之间的互联。因此,压力试验的结果不同于现实世界中试验对象的结果,这些结果就不能准确预计该产品在现场的可靠性和耐久性。

(4)造成产品召回的基本原因之一是不能准确仿真和使用错误的压力试验结果,从而导致对产品可靠性的预计不准确。最终会造成机构的利润比预期或可能实现的利润减少。正如 Kanapady et al.[22] 所指出的那样,"数年前,通过一个不合格的可靠性项目节省了资金,但这项短期收益并不是一个良好的长期投资。"

(5)为了补偿未知的现场因素,公司有时使用超过最大现场负载的加速应力试验。这改变了在实际现场使用中的物理或化学退化过程。因此,在此试验期间,失效的时间、特征,以及失效的数量、成本可能与现场情况下的失效不同。

(6)由于每个失效机制对应力的响应不同,而且产品的每个组件都有几种不同的失效机制,使用加速试验数据加上一个单一的加速因子可能导致平均故障间隔时间估计是错误的、误导的[37]。

(7)没有标准的压力激励组合集。由于产品的多样性,每个产品和程序都会有差异,这一点常常被人遗忘。

(8)基于统计确定样本大小的可靠性假设通常是无效的,因为这些样本有很少是产品部件的真实随机表示。

(9)通常,用于应力试验的现场载荷仿真参数并不是真正具有代表性区域的参数,这些参数也不能准确描述产品在现场使用的所有区域(包括气候)。

(10)一些加速试验使用恒定应力、阶跃应力或循环应力的模拟,这些模拟与实际情况是矛盾的,真实世界的荷载具有随机应力性质。

(11)正如 Wong[46] 指出的那样,不准确的可靠性预计可能导致灾难,如美国航天飞机的故障。而现在我们需要思考的是:"现有的可靠性预计方法存在什么问题?"本书中回答了这个问题。

以上就是为什么当前的加速应力试验不能准确预计可靠性和耐久性的部分原因,但是这些限制因素可以通过转换到加速可靠性试验(ART)和加速耐久性试验(ADT)来减少或消除。文献[30,60-66]中可以找到这些类型试验的描述,这些出版物提供了如何准确模拟现场情况的指导,以便获得准确可靠性开发和预计的初始信息。

为了有效实施 ART/ADT 技术,需要一个多学科团队来管理和设计该技术在特定产品上的应用。该团队至少应包括以下内容:

(1) 一个团队领导者应该是一个高级管理人员,并且能够理解这项技术的策略。团队领导者必须了解准确模拟现场情况的原则,以及团队还需要哪些专业学科的科研人员。

(2) 项目经理需要在整个过程中充当指导者的角色,能够清除阻止团队成功的阻碍。同时项目经理还须熟悉产品设计和试验技术。

(3) 工程资源在试验中占据重要地位,包括选择合适的候选试验单元、故障分析、模拟过程中化学问题解决方案、模拟过程中的物理问题解决方案、预计方法,以及控制开发、设计、诊断的系统和针对机械、电气、液压等的纠正措施。硬件和软件的开发和实施都是如此。

团队必须与负责产品设计、制造、营销和销售的部门密切合作。

参 考 文 献

[1] O'Connor P,Kleyner A. (2012). Practical Reliability Engineering,5th edition. John Wiley & Sons.

[2] Naval Surface Warfare Center,Carderock Division. (2011). Handbook of Reliability Prediction Procedures for Mechanical Equipment. Logistic Technology Support,Carderockdiv,NSWC-10. West Naval Surface Warfare Center,Carderock Division,Bethesda,MD.

[3] Atiyeh C,Blackwell R. (2016). Massive Takata airbag recall:everything you need to know, including full list of affected vehicles. Update:December 29. Car and Driver. https:// blog. caranddriver. com/massivetakata- airbag - recall - everything - you - need - to - know - including-fulllist-of-affected-vehicles/(accessed January 18,2018).

[4] National Council on Measurement in Education. (2017). Glossary of important assessment and measurement terms. http://www. ncme. org/ncme/NCME/Resource _ Center/Glossary/ NCME/Resource _ Center/Glossary1. aspx? hkey = 4bb87415 - 44dc - 4088 - 9ed9 - e8515326a061#anchorR(accessed January 18,2018).

[5] Carlson NR. Miller HL Jr,Heth DS,Donahoe JW,Martin GN. (2009). Psychology:The Sci- ence of Behaviour,4th Canadian edn. Pearson,Toronto.

[6] Web Center for Social Research Methods. (2006). Types of reliability, in The Research Methods Knowledge Base. https://www. socialresearchmethods. net/kb/reltypes. php

(accessed January 18,2018).

[7] Weibull. com(2005). Standards based reliability prediction:applicability and usage to augment RBDs. Part I:introduction to standards based reliability prediction and lambda predict. Reliability HotWire Issue 50 (April). http://www. weibull. com/hotwire/issue50/hottopics50. htm(accessed January 18,2018).

[8] ReliaSoft. Reliability prediction methods for electronic products. Reliability EDGE 9(1). http://www. reliasoft. com/pubs/reliabilityedge_v9i1. pdf(accessedJanuary 18,2018).

[9] ANSI/VITA 51. 2(2016). Physics of Failure Reliability Predictions.

[10] Blischke WR,Prabhakar Murthy DN. (2000). Reliability:Modeling,Prediction,and Optimization. John Wiley & Sons.

[11] Wiley Online Library. (2000). Short Book Reviews,20(3).

[12] Misra KB. (1992). Reliability Analysis and Prediction,Volume 15. A Methodology Oriented Treatment. Elsevier Science.

[13] Jones TL(2010). Handbook of Reliability Prediction Procedures for Mechanical Equipment. Naval Surface Warfare Center,Carderock Division.

[14] An YH,Draughn RA. (1999). Mechanical Testing of Bone-Implant Interface. CRC Press.

[15] European Power Supply Manufacturers Association. (2005). Guidelines to understanding reliability prediction. http://www. epsma. org/MTBF%20Report_24%20June%202005. pdf (accessed January 18,2018).

[16] Gipper J. (2014). Choice of Reliability Prediction Methods. http://vita. mil-embedded. com/ articles/choice-reliability-prediction-methods/(accessed February 2,2018).

[17] Cai Y-K,Wei D,Ma X-B,Zhao Y. Reliability prediction method with field environment variation. In 2015 Annual Reliability and Maintainability Symposium (RAMS). IEEE Press,pp. 1-7.

[18] Chigurupati A,Thibaux R,Lassar N. (2016). Predicting hardware failure using machine learning. In 2016 Annual Reliability and Maintainability Symposium(RAMS). IEEE Press, pp. 1-6.

[19] Wang Q,Chen D,Bai H. (2016). A method of space radiation environment reliability prediction. In 2016 Annual Reliability and Maintainability Symposium(RAMS). IEEE Press, pp. 1-6.

[20] Wang L,Zhao X,Wang X,Mu M. (2016). A lifetime prediction method with hierarchical degradation data. In 2016 Annual Reliability and Maintainability Symposium (RAMS). IEEE Press,pp. 1-6.

[21] Jakob F,Schweizer V,Bertsche B,Dobry A. (2014). Comprehensive approach for the reliability prediction of complex systems. In 2014 Reliability and Maintainability Symposium. IEEE Press,pp. 1-6.

[22] Kanapady R,Adib R. Superior reliability prediction in design and development phase. In

2013 Proceedings Annual Reliability and Maintainability Symposium(RAMS). IEEE Press, pp. 1-6.

[23] Hava A,Qin J,Bernstein JB,Bo Y. Integrated circuit reliability prediction based on physics-of-failure models in conjunction with field study. In 2013 Proceedings Annual Reliability and Maintainability Symposium(RAMS). IEEE Press,pp. 1-6.

[24] Thaduri A,Verma AK,Gopika V,Kumar U. Reliability prediction of constant fraction discriminator using modified PoF approach. In 2013 Proceedings Annual Reliability and Maintainability Symposium(RAMS). IEEE Press,pp. 1-7.

[25] Thaduri A,Verma AK,Kumar U. Comparison of reliability prediction methods using life cycle cost analysis. In 2013 Proceedings Annual Reliability and Maintainability Symposium (RAMS). IEEE Press,pp. 1-7.

[26] DAU. (1995). MIL-HDBK-217F(Notice 2). Military Handbook:Reliability Prediction of Electronic Equipment. Department of Defense,Washington,DC.

[27] Telecordia. (2016). SR-332,Issue 4,Reliability Prediction Procedure for Electronic Equipment.

[28] Lu H,Kolarik WJ,Lu SS. (2001). Real-time performance reliability prediction. IEEE Transactions on Reliability 50(4):353-357.

[29] NIST/SEMATECH. (2010). Assessing product reliability. In Engineering Statistics e-Handbook. US Department of Commerce,Washington,DC,chapter 8.

[30] Klyatis L. (2016) Successful Prediction of Product Performance:Quality,Reliability,Durability,Safety,Maintainability,Life-Cycle Cost,Profit,and Other Components. SAE International,Warrendale,PA.

[31] DAU. (1991). MIL-HDBK-217F(Notice 1). Military Handbook:Reliability Prediction of Electronic Equipment. Department of Defense,Washington,DC.

[32] Telcordia. (2001). SR-332,Issue 1,Reliability Prediction Procedure for Electronic Equipment.

[33] Telcordia. (2006). SR-332,Issue 2,Reliability Prediction Procedure for Electronic Equipment.

[34] ITEM Software and ReliaSoft Corporation. (2015). D490 Course Notes:Introduction to Standards Based Reliability Prediction and Lambda Predict.

[35] Foucher B,Boullie J,Meslet B,Das D. (2002). A review of reliability prediction methods for electronic devices. Microelectronics Reliability 42(8):1155-1162.

[36] Pecht M,Das D,Ramarkrishnan A. (2002). The IEEE standards on reliability program and reliability prediction methods for electronic equipment. Microelectronics Reliability 42:1259-1266.

[37] Talmor M, Arueti S. (1997). Reliability prediction:the turnover point. In Annual Reliability and Maintainability Symposium:1997 Proceedings. IEEE Press,pp. 254-262.

[38] Hirschmann D,Tissen D,Schroder S,de Doncker RW. (2007). Reliability prediction for inverters in hybrid electrical vehicles. IEEE Transactions on Power Electronics,22(6):2511–2517.

[39] NIST Information Technology Library. https://www. itl. nist. gov.

[40] SeMaTech International. (2000) Semiconductor Device Reliability Failure Models. www. sematech. org/docubase/document/3955axfr. pdf(accessed January 19,2018).

[41] Nicholls D. An objective look at predictions– ask questions, challenge answers. In 2012 Proceedings Annual Reliability and Maintainability Symposium. IEEE Press,pp. 1–6.

[42] Theil N. (2016). Fatigue life prediction method for the practical engineering use taking in account the effect of the overload blocks. International Journal of Fatigue 90:23–35.

[43] Denson W. (1998). The history of reliability prediction. IEEE Transactions on Reliability 47(3–SP,Part 2):SP–321–SP–328.

[44] Klyatis L. The role of accurate simulation of real world conditions and ART/ADT technology for accurate efficiency predicting of the product/process. In SAE 2014 World Congress, paper 2014–01–0746.

[45] Jones JA. (2008). Electronic reliability prediction:a study over 25 years. PhD thesis,University of Warwick.

[46] Wong KL. (1990). What is wrong with the existing reliability prediction methods? Quality and Reliability Engineering International 6(4):251–257.

[47] Black AI. (1989). Bellcore system hardware reliability prediction. In Proceedings Annual Reliability and Maintainability Symposium.

[48] Bowles JB. (1992). A survey of reliability prediction procedures for microelectronic devices. IEEE Transactions in Reliability 41:2–12.

[49] Chan HT,Healy JD. (1985). Bellcore reliability prediction. In Proceedings Annual Reliability and Maintainability Symposium.

[50] Healy JD,Aridaman KJ,Bennet JM. (1999). Reliability prediction. In Proceedings Annual Reliability and Maintainability Symposium.

[51] Leonard CT,Recht M. (1990). How failure prediction methodology affects electronic equipment design. Quality and Reliability Engineering International 6:243–249.

[52] Wymyslowski A. (2011). Editorial. 2010 EuroSimE international conference on thermal, mechanical and multi–physics simulation and experiments in micro–electronics and micro–systems. Microelectronics Reliability 51:1024–1025.

[53] Kulkarni C,Biswas G,Koutsoukos X. (2010). Physics of failure models for capacitor degradation in DC–DC converters. https://c3. nasa. gov/dashlink/static/media/publication/2010_MARCON_DCDCC onverter. pdf(accessed January 19,2018).

[54] Eaton DH,Durrant N,Huber SJ,Blish R,Lycoudes N. (2000). Knowledge–based reliability qualification testing of silicon devices. International SEMATECH Technology Transfer #

00053958A－XFR. http://www.sematech.org/docubase/document/3958axfr.pdf(accessed January 19,2018).

[55] Osterwald CR,McMahon TJ,del Cueto JA,Adelstein J,Pruett J. (2003). Accelerated stress testing of thin－film modules with SnO2:Ftransparent conductors. Presented at the National Center for Photovoltaics and Solar Program Review Meeting Denver, Colorado. https://www.nrel.gov/docs/fy03osti/33567.pdf(accessed January 19,2018).

[56] Vassiliou P,Mettas A. (2003). Understanding accelerated life－testing analysis. In 2003 Annual Reliability and Maintainability Symposium.

[57] Mettas A. (2010). Modeling and analysis for multiple stress－type accelerated life data. In 46th Reliability and Maintainability Symposium.

[58] Dodson B,Schwab H. (2006). Accelerated Testing:A Practitionerys Guide to Accelerated and Reliability Testing. SAE International,Warrendale,PA.

[59] Ireson WG,Combs CF Jr,Moss RY. (1996). Handbook on Reliability Engineering and Management. McGraw－Hill.

[60] Klyatis LM,Klyatis EL. (2006). Accelerated Quality and Reliability Solutions. Elsevier.

[61] Klyatis LM,Klyatis EL. (2002). Successful Accelerated Testing. Mir Collection,New York.

[62] Klyatis LM,Verbitsky D. Accelerated Reliability/Durability Testing as a Key Factor for Accelerated Development and Improvement of Product/Process Reliability,Durability,and Maintainability. SAE Paper 2010－01－0203. Detroit. 04/12/2010. (Also in the book SP－2272).

[63] Klyatis L. (2009). Specifics of accelerated reliability testing. In IEEE Workshop Accelerated Stress Testing. Reliability(ASTR 2009) [CD],October 7－9,Jersey City.

[64] Klyatis L,Vaysman A. (2007/2008). Accurate simulation of human factors and reliability, maintainability,and supportability solutions. The Journal of Reliability,Maintainability,Supportability in Systems Engineering(Winter).

[65] Klyatis L. (2006). Elimination of the basic reasons for inaccurate RMS predictions. In A Governmental－Industry Conference naccura A Systems Engineering Environment,DAU－West,San Diego,CA,October 11－12.

[66] Klyatis LM. (2012). Accelerated Reliability and Durability Testing Technology. John Wiley & Sons,Inc.,Hoboken,NJ.

习　　题

1.1　列出目前使用的 3 种传统的可靠性预计方法。

1.2　简述习题 1.1 中基本方法的概念。

1.3　为什么这些基本方法大多是理论性的？

1.4　为什么大多数可靠性预计的出版物都与电子学有关？

1.5 为什么大多数可靠性预计方法都是理论性质的？

1.6 如何描述经典试验理论？

1.7 Bellcore/Telecordia 预计法的基本方法是什么？

1.8 MIL-HDBK-17 可靠性预计手册中的基本方法是什么？

1.9 瑞蓝公司在可靠性预计中的使用的基本方法是什么？

1.10 描述可靠性预计的经验方法的优缺点。

1.11 描述可靠性预计的失效物理法的基本概念。

1.12 电子产品中的电迁移布莱克模型为可靠性预计模型增加了哪些影响因子？

1.13 ITEM ToolKit 工具中的可靠性软件模块的基本内容是什么？

1.14 贝尔通信研究所用于硬件和软件的可靠性预计的背景是什么？

1.15 贝尔通信研究所使用了哪些软件和硬件预计程序？

1.16 在应用贝尔通信研究所可靠性预计程序时使用哪些程序？

1.17 使用《机械设备可靠性预计程序手册》来预计机械系统的产品可靠性时，会遇到什么问题？

1.18 造成产品召回的真正原因是什么？

1.19 失效分析的基本方法是什么？

1.20 简要描述习题 1.19 中给出的方法。

1.21 可靠性评估主要有哪几类？

1.22 一般模型可靠性预计的主要因素是什么？

1.23 评估可靠性方法的基本策略是什么？

1.24 简述使用基于标准的可靠性预计的优点和缺点。

1.25 简述使用失效物理方法的优点和缺点。

1.26 寿命试验方法预计的可靠性指标是什么？

1.27 为什么传统的可靠性预计方法在工业实践中不成功？

1.28 为什么准确的可靠性预计对公司的管理十分重要？

1.29 列举传统电子产品可靠性预计方法不成功的原因。

1.30 简述可靠性的定性和定量方面的内容及两者之间的差异。

1.31 简述可靠性与可维护性研讨会会议记录中关于可靠性预计的 9 篇文章的内容。

1.32 Telecordia 可靠性预计程序的关键要素是什么？

1.33 贝叶斯可靠性预计方法的基本含义是什么？

1.34 列出几个基本原因，解释为什么使用基于可靠性预计理论方面的传统解决方案无法成功应用在可靠性预计的工业领域。

1.35 大卫·尼科尔斯在他发表的《可靠性预计方法概述》一书中得出了什么关键性的结论？

1.36 为什么疲劳寿命预计方法不是可靠性预计的准确方法？

1.37 描述可靠性预计方法的发展史。

1.38 为什么大多数传统的预计方法都与计算机科学和制造有关？

1.39 为什么在工程预计中不使用只对单个组件进行可靠性预计的策略？

1.40 为什么目前使用的大多数方法都不能有效地预计产品的可靠性？

1.41 简述一些交互并影响可靠性的性能要素。

1.42 为什么目前使用的加速应力试验无法获得有效的可靠性预计所需的准确信息？描述其中一些原因及其对可靠性预计的潜在影响。

第2章 工业中可靠性预计的有效方法

列夫·M. 克利亚提斯

2.1 概　　述

在介绍列夫·M. 克利亚提斯提出的用于工业可靠性预计方法论之前,让我们先来了解一下可靠性预计方法如何引入工业领域的背景。这个新的研究方向是在苏联被提出的,最初主要用于农业机械,随后扩展到汽车工业。随着越来越多可靠性预计的有效应用,此方法逐渐扩展到了工程和工业领域的其他方面。然而在苏联,航空航天、电子和国防工业的许多工作都是高度机密的,不向其他专业人士开放,所以克利亚提斯博士并不知道他提出的方法在这些领域的可用性或利用程度。可靠性预计方法在苏联成功实施后,来自美国、欧洲、亚洲和其他国家的可靠性专业人员参加了工程和质量大会、可靠性和可维护性研讨会(RAMS)和电气与电子工程师协会(IEEE)的可靠性、可维护性和保障性(RMS)研讨会等,与国防、电子、航空航天、汽车动力和其他行业和科学领域的领先专业人士一起参观了工业公司和高校,学习并讨论了一些优秀的可靠性技术和理论。

在年度可靠性和可维护性研讨会、美国质量学会的年度质量大会、国际会议、美国汽车工程师学会(SAE)国际年度世界大会、电气与电子工程师协会研讨会、可维护性和保障性研讨会和其他专业会议上,来自不同行业领域的专业人士都接受了克利亚提斯博士关于可靠性预计方面的理论,一起进行了学术的交流和沟通。这些合作和讨论有助于提高可靠性及其要素的科学和技术水平。

列夫·M. 克利亚提斯回忆起他曾作为顾问访问过美国百得公司,在准备访问的过程中,专业人员为克利亚提斯博士准备了各种试验问题。质量总监提议与克利亚提斯博士会面,并讨论和回答这些问题。然而,克利亚提斯博士建议采用另一种方法,他建议第一步先要对目前的试验设备和技术进行回顾以便更好地了解其实际的运行过程,如果没有进行这一步,他就不可能为他们的问题提供答案。

百得公司接受了克利亚提斯博士的建议,公司中的工程师和经理与克利亚提斯博士一起分析了他们在可靠性和试验方面研究成果,包括相关的设备和使用的技术方法。在讨论过程中,克利亚提斯博士质疑百得公司进行振动试验的目的是什么,以及他们从振动试验中获得了什么信息。百得公司回应:这项试验可提供试验对象的可靠性信息。克利亚提斯博士认为,这并不是一个正确答案。振动试验只是机械试验的一部分,也是可靠性试验的一部分。由于振动只是现实条件的一个要素,因此振动试验本身无法准确预计产品的可靠性。

百得公司实验室进行的试验正存在类似的情况,这种试验只模拟了许多环境影响(条件)中的一部分内容。通过与克利亚提斯博士的交谈,负责可靠性和试验的工程师和管理人员了解到他们的试验可以变得更加有效。通过这次的分析讨论,百得公司的试验设备和方法得到了改进,克利亚提斯博士的咨询工作也取得了成功。

列夫·M. 克利亚提斯在与冷王公司、其他工业公司和大学研究中心合作时也遇到了类似的情况。于是列夫·M. 克利亚提斯将他访问工业公司和在大学研究中心学到的这些成功的方法和其他信息纳入了他编写的书籍中。另外,列夫·M. 克利亚提斯在访问罗格斯大学机械工程系时,观察到学生们使用单轴(垂直)振动试验设备进行振动试验。他对机械工程系主任说,如果机械工程系在 100 多年前就把这个设备用于工业企业,那么他们应该用先进的三、六自由度振动设备来进行教学。

克利亚提斯博士从事咨询工作,并从参观工业公司和大学研究中心获得了一些经验,这些经验帮助他更好地了解和深入分析了工业不同领域可靠性试验的现状和最新技术,这有助于进一步开展理论应用,从而发展有效的产品可靠性预计方法。

除了克利亚提斯博士咨询工作的价值,发展这种方法的另一个重要方面是他担任讲师的培训研讨所发挥的作用,包括他为福特汽车公司、洛克希德·马丁公司和其他公司举办的培训研讨会。但这些经验并不意味着要忽视或以任何方式最小化其在仿真领域、不同类型的传统 ALT 和预计领域对先前出版物的研究所起到的重要作用。从克利亚提斯博士的工作中可以看出,在编写这本教材的过程中,他对数百篇可靠性、试验、仿真和预计等方面的参考文献进行了研究。

事实上,通过仔细阅读,读者可能会注意到克利亚提斯博士所发表的书籍、论文和期刊文章都是从详细的审查和分析现状开始的,然而并非所有人都赞同他对研究现状的分析。在之前出版书籍的过程中,威立出版社选派了一名员工来编辑克利亚提斯博士的手稿,这项工作开始一段时间后,克利亚提斯博士决定让出版社停止这项工作。在他的书中分析了一些真实仿真和可靠性试验的方法,并证明了这些方法需要进行改进,克利亚提斯博士担心书中的内容会冒犯到涉及的人或公司。同时这位编辑表示,他没有发现任何不正确的内容,但克利亚提斯仍然认为那些带有批判性质的内容可能会造成不良影响。虽然遇到了这样的问题,但威立出版社找到了另一位经验更丰富的资深编辑人员,他为2012年出版的《加速可靠性和耐久性试验技术》(*Accelerated Reliability and Durability Testing Technology*)一书进行了语言编辑。

随着这本书的成功出版,克利亚提斯博士继续成功地开发了产品可靠性预计系统,特别是与其战略方面相关的系统。

克利亚提斯博士通过其他会议、研讨会和参观世界上最先进的工业公司,继续学习如何进行先进的可靠性和加速可靠性/耐久性试验。而他惊讶地发现许多世界级的公司和中心,如波音公司、洛克希德·马丁公司、美国航空航天局研究中心、底特律柴油机公司等,仍然在使用较老的、不太先进的方法来对新产品和新技术进行可靠性试验和可靠性预计。

据研究,现在美国各大工业公司 ART/ADT 的水平远远落后于泰斯莫什公司(俄罗斯)所使用的水平,详细内容可见文献[1-2]。例如,从事航空和航天的公司大多进行飞行试验,实验室试验主要包括组件的振动或温度试验(他们不恰当地称为环境试验)和空气动力学影响的风洞试验。

这些公司经常担心他们的试验结果不准确,因为他们的仿真没有复制现实的条件,而且他们在可靠性和耐久性试验中使用了错误的技术。相关方面的例子包含在作者出版的其他书籍中,这些内容将在第4章中讨论。同时还注意到,一些供应商和高校正在进行一些较差的可靠性预计工作。

2.2 节将给出一种改进的可靠性预计方法的过程和步骤。

2.2 可靠性预计的详细步骤

第1章详细说明了虽然有许多关于可靠性预计的出版物,但其中很多书籍中介绍的方法都没有在工业上有效应用。1.4节考虑了造成这种情况的一些基本原因。

在理解这些原因时,必须了解以下内容:

(1) 为了使预计方法起作用,在任何规定的时间(保修期、使用寿命或其他时间)内,计算产品特定模型(样品)的变更可靠性参数时,必须紧密结合可靠来源。

(2) 在实际试验中很难获得这些必要的参数,这是因为目前大多数现场试验方法需要很长时间才能得到结果。例如,获取在产品使用寿命期间变化的可靠性参数所需的试验时间。

（3）密集的现场试验往往无法解释产品在长期使用寿命期间可能发生的腐蚀、变形和其他退化等情况。如果没有这些影响因素，试验就无法提供准确的数据来保证可靠性预计有效。

（4）一般来说，实验室和试验场的加速试验并不能真正准确地模拟实际使用的条件。因此，这类试验的结果将不同于现场试验的结果（详见第 3 章）。

（5）ART/ADT 技术为解决以上的问题提供了可能性，因为它是基于对真实环境的精确物理仿真。

（6）对真实世界条件的精确物理仿真需要了解一系列的因素，这些因素同时且组合复制了现实世界对实际产品影响的复杂交互作用，其中一定包括了人为因素和风险缓解。

（7）上述项目还必须与子组件以及整个设备相关，因为在真实世界中，它们是相互作用的。这个项目还需要其他公司和供应商进行类似的试验和可靠性预计。

（8）通常，组织中的高层管理人员不愿意使用这些新的科学方法，这可能是因为他们不熟悉这些新的方法，也可能是因为他们担心使用这些方法需要在人员和设备方面进行重大投资。正如质量领域传奇人物朱兰（Juran）所写的那样，"他们经常把他们在质量和可靠性领域的责任委派给其他人。"这个问题在以前的出版物[1-4]中已经讨论过。

图 2-1 所示为成功实现有效可靠性预计的方案图。通过执行这些基本步骤，并使用本书中描述的相应策略和方法，可以实现可靠性预计。每个步骤的部分细节在文献[1-3,5]中有详细的描述。

正如预期的那样，第一个也是绝对关键的步骤是研究现场条件并收集相关数据，以确定现实的条件及其影响产品的相互作用。其中一部分是需要在实验室中精确模拟的人类和安全因素科学。

"相互作用"一词是关键，因为在现实世界中，诸如温度、湿度、污染、辐射、振动等因素不会对产品单独起作用，而是具有综合效应，这个综合效应是必须考虑的。

为了准确地模拟真实的条件，必须准确地模拟这些真实环境的交互作用。

第二步是使用步骤 1 中收集的数据创建一个精确的仿真（包括质量和数量），模拟真实的条件交互作用对实际产品的影响。在此步骤中，质量是指模拟条件必须符合准确使用的标准，包括与研究人员或设计人员建立的理论或假设使用条件之间的差异。有关这些标准的详细说明可以在本章中找到。数量是指相关输入影响的准确数量，这是在实验室模拟真实环境所需的。通过以上内容的讨论可知精确的仿真取决于字段输入影响的数量。

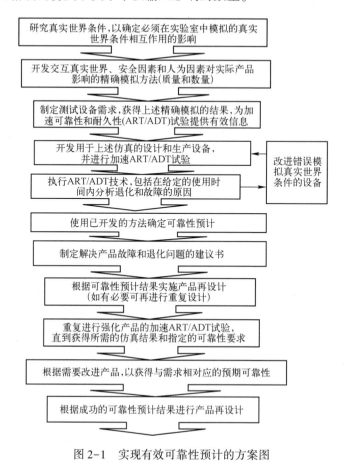

图 2-1　实现有效可靠性预计的方案图

2.3　可靠性预计策略

如果希望获得有效的预计结果,工业可靠性预计策略的通用方案如图 2-2 所示。

有效预计可靠性的 5 个常见步骤(图 2-3)包括:

(1)现场条件的精确模拟。

(2)加速 ART/ADT 技术。

(3)可靠性预计方法。

(4)有效的可靠性预计。

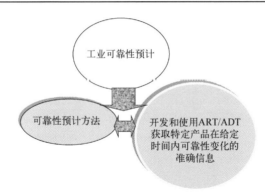

图 2-2　有效可靠性预计策略的通用方案

（5）有效的可靠性预防和发展。

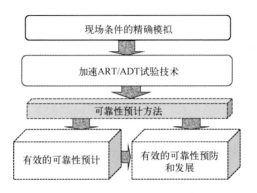

图 2-3　有效预计可靠性的 5 个常见步骤

列夫·M. 克利亚提斯在苏联工作时提出了有效可靠性预计的想法,他为这个新的科学工程方向开发了一些组件、方法和工具。在那之后,他移居美国并继续从事这一领域的工作,直到今天他还在继续研究可靠性预计的方法,改进其方向、策略,并继续扩大其实施范围。

如图 2-2 所示,该策略包括两个基本要素,其详细信息已在文献[1-3]进行了介绍。有效预计方法的第一个要素将在 2.5 节中进行详细说明,第二部分在加速可靠性和耐久性试验技术[1]中进行了详细描述,第二部分的基础内容也将在第 3 章中进行介绍。

图 2-4 所示为进行有效可靠性预计所需的 3 组真实环境之间的相互作用。

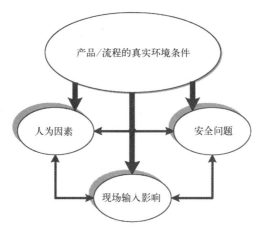

图 2-4　产品/流程的真实环境交互

2.4　可靠性预计准确定义的重要性

准确的术语定义是进行有效可靠性预计的关键因素。在列夫·M. 克利亚提斯之前的著作中，他列举了一些例子，对存在误解的定义是如何导致不准确的预计进行了说明[1,3]。在本章前半部分，介绍了作者与百得公司合作的一个例子。同时，还描述了尼桑技术中心的专业人员将振动试验视为可靠性试验，但没有考虑其他重要的现场输入的影响。由于可靠性相关的定义没有得到正确的理解，试验结果并不能准确地预计产品性能。

表 2-1 所列为可靠性专业人员准确进行可靠性试验和预计需要了解的正确基本定义，其他定义详见第 4 章，其中包括已在 SAE G-11 可靠性委员会会议上批准的标准草案。

表 2-1　可靠性专业人员需要知道的正确基本定义

加速试验	使被测对象加速失效(恶化)的试验
ART(或 ADT 或耐久性试验)	试验以下内容： ① 物理(或化学)的退化机制(或失效机制)类似于在真实世界中使用给定标准的机制； ② 可靠性和耐久性指标(失效时间、退化程度、使用寿命等)的测量与实际使用的指标(相应的给定标准)有很高的相关性
注释 1	ART、ADT 或耐久性试验为准确预计产品的可靠性和耐久性提供了有用的信息，因为它们是基于对真实环境的准确模拟

续表

加速试验	使被测对象加速失效(恶化)的试验
注释 2	如果可靠性试验用于在使用寿命、保修期或其他规定的使用时间内进行的准确可靠性和耐久性预计,则此试验与可靠性试验相同
注释 3	ART/ADT 与试验过程中使用的应力程度有关。较高的应力水平会导致更高的加速度系数(现场产品的失效时间与 ART 期间的失效时间比),而较低的应力水平将导致现场结果与 ART 结果之间的相关性较低,从而导致预计不准确
注释 4	ART 和 ADT(耐久性试验)包括: 一个复杂而全面的实验室试验与定期现场试验相结合的组合试验。 实验室试验必须设计为支持交互多环境试验、机械试验、电气试验和其他类型真实试验的复杂同步综合试验体系。 定期现场试验考虑了实验室无法准确模拟的因素,如产品工艺过程的稳定性、操作人员的可靠性对试验对象的可靠性和耐久性的影响、使用期间的成本变化等。 准确模拟现场条件需要充分了解与安全和人为因素相结合的现场输入影响的仿真
注释 5	ART 和 ADT(或耐久性试验)具有相同的预期结果——在现场情况下对产品性能进行精确模拟。 ART 和 ADT 主要的区别在于使用的度量标准和试验的时长不同。对于可靠性而言,预计结果通常用 MTTF、故障间隔时间和类似参数表示;而对于耐久性来说,它是对产品正常运行时间或预期使用时间的度量
注释 6	ART 可以在不同的时间段内执行,如保修期、规定的期限、1 年、2 年、使用寿命期限等
准确预计	如果满足以下条件,则表示预计是准确的: ① 预计方法纳入了所有活动域的影响和相互作用因素; ② 拥有精确的初始信息(来自 ART/ADT),用于计算给定时间内每个产品模型预计参数的变化
精确模拟现场输入因素的影响	如果所有现场的影响同时并相互组合起作用,准确地模拟出不超过给定极限的偏差
精确的系统可靠性预计	当且仅当现场条件的模拟准确且 ART 可行时,系统预计才准确。 它由两个基本要素组成:①方法;②在给定时间内为计算可靠性变化获得准确初始信息的来源
现场试验	用于检查实际正常使用中试验过程的充分性的试验,通常包括试验管理、试验响应、试验评分和试验报告
现场输入影响多环境复合物	包括温度、湿度、污染、辐射、风、雪、波动和雨等影响因素。 输入影响因素常常组合作用形成与单独和独立试验时截然不同的效果。 例如,化学污染和机械污染可能在污染变量中组合,并产生比通过独立试验所证明的更大的产品退化。这些看似相互依赖的因素实际上是相互关联的,并且相互作用和相互结合

加速试验	使被测对象加速失效(恶化)的试验
加速腐蚀试验	使用同步模拟交互因素进行试验,包括: ① 化学污染; ② 机械污染; ③ 湿度; ④ 温度; ⑤ 振动; ⑥ 变形; ⑦ 摩擦
振动试验	在同时应用所有振动因子的情况下进行试验。 例如,对于道路车辆,模拟交互因素包括: ① 道路的特征,包括轮廓、道路类型、道路密度; ② 试验对象的设计和质量; ③ 风速和风向; ④ 试验对象的速度; ⑤ 车轮和悬架的设计和质量

2.5 可靠性预计的有效方法

有效预计可靠性的基本方法包括:

(1) 有效预计产品可靠性的通用准则。

(2) 选择有代表性的输入区域以精确模拟现场条件的方法。

(3) 利用制造技术因素和使用条件有效预计产品可靠性的各个方面。

(4) 建立适当的可靠性预计试验模型。

(5) 根据各要素的试验结果进行系统可靠性预计。

图 2-5 描述了该方法的通用方案。

Klyatis et al. [6] 提供了关于选择代表性输入区域的方法的进一步信息,以便准确模拟现实条件。

2.5.1 基于加速可靠性试验结果的有效可靠性预计准则

ART 的结果经常被用作在现场条件下预计机械可靠性获得所需的初始信息源。但要做到这一点是准确的,就必须确保预计是正确的(可以使用给定的准确度来衡量)。以下的解决方案有助于实现此目标。

问题的描述如下:已知一个系统(产品的现场使用结果)及其模型(同一产品的 ART/ADT 结果)。系统的质量可以通过随机值 ϕ 使用已知或未知的分布规律 $F_S(x)$ 来估计;模型的质量可以使用未知的分布定律 F_M 通过随机值 ϕ 估

46

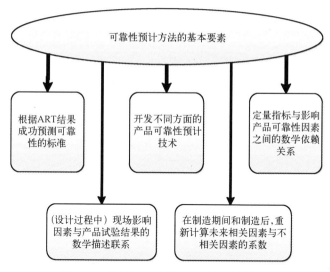

图 2-5 有效预计产品可靠性的通用方法

计。如果 F_S 和 F_M 之间的偏差度量小于给定极限 Δ_g，则此模型是一个优良的系统模型。

在模型试验后，获得随机变量 $\varphi_1 : \varphi_1^{(1)}, \cdots, \varphi_1^{(n)}$。如果通过 φ 知道了分布规律 $F_S(x)$，则需要检查零假设 H_0，这意味着 $F_S(x)$ 和 $F_M(x)$ 之间的偏差度量小于 Δ_g。如果 $F_S(x)$ 未知，还需要对系统进行试验。试验结束后会得到随机变量 φ：$\varphi^{(1)}, \cdots, \varphi^{(m)}$。对于上述两个采样，有必要检查零假设 H_0，即 $F_S(x)$ 和 $F_M(x)$ 之间的偏差度量小于给定的极限 Δ_g。若拒绝零假设 H_0，则模型需要更新，即考虑更准确的方法来模拟用于 ART 的现场条件的基本机制。

$F_S(x)$ 和 $F_M(x)$ 之间的偏差度量是通过多功能分布估计的函数性质的度量，并且依赖于竞争（替代）假设。所得到准则的实际使用取决于该函数的类型和形式。在零假设 H_0 正确的条件下，求出统计量的精确分布是概率论中一个复杂且不可解的问题。因此，这里给出了所研究的统计量及其分布的上限，从而提高了数值的水平，也就是说我们可以检验出明显的差异。下面考虑已知 $F_S(x)$ 的情况。

首先，我们把分布函数 $F_S(x)$ 和 $F_M(x)$ 之间的模的最大值作为偏差度量：

$$\Delta\big[F_M(x), F_S(x)\big] = \max_{(x)<\infty} \big| [F_M(x) - F_S(x)] \big|$$

我们知道 H_0 是假设 $F_S(x)$ 和 $F_M(x)$ 之间的模不超过可接受的水平 Δ_g，即

$$\overline{H_0} : \max_{(x)<\infty} \big[F_M(x) - F_S(x) \big] \leqslant \Delta_g$$

式中：$F_M(x)$ 为分布函数的模型（试验条件）。

对照 H_0，我们检验了竞争假设：

$$\overline{H_1}: \max |F_M(x) - F_S(x)| > \Delta_g$$

该准则的统计量可由以下公式给出：

$$\overline{D_n} = \max_{(x) < \infty} |F_M(x) - F_S(x)|$$

实际上，它可以通过以下公式计算：

$$\overline{D_n} = \max_{1 \leq m \leq n} \left\{ \max \left[\frac{m}{n} - F(\eta_m) \right], \max \left[F(\eta_m) - \frac{m}{n} \right] \right\}$$

直接求出该统计量的分布是非常复杂的[7]，当 $n \to \infty$ 时，$D_n \to \Delta_g$。因此，需要求出随机值 $\sqrt{n(D_n - \Delta_g)}$ 的分布。

下面给出一个有助于解决这个问题的较高的估计值：

$$\overline{D_n} = \max_{(x) < \infty} |F_n(x) - F_S(x)| = \max [F_n(x) - F_M(x) + F_M(x) - F_S(x)] \leq \max_{(x) < \infty} \{ |F_n(x)| \}$$

$$\{ |F_M(x)| + F_S - F_M(x)| \} \leq \max_{(x) < \infty} |F_n(x) - F_M(x)| + \max_{(x) < \infty} |F_M(x) - F_S(x)|$$

如果零假设 H_0 正确，则

$$\max_{(x) < \infty} |F_M(x) - F_S(x)| \leq \Delta_g$$

因此，有

$$\overline{D_n} \leq \max_{(x) < \infty} |F_n(x) - F_M(x)| + \Delta_g$$

或

$$\sqrt{n(\overline{D_n} - \Delta_g)} \leq \sqrt{n} \max_{(x) < \infty} |F_n(x) - F_M(x)| \tag{2-1}$$

如果 $F(x)$ 是没有失效的工作概率，则 n 是失效的数量。

把 $\max_{(x) < \infty} |F_n(x) - F_M(x)|$ 表示为 D_n，这个随机值 $\sqrt{n D_n}$ 受 $n \to \infty$ 的限制遵循柯尔莫可洛夫（Kolmogorov）定律[8]。因此，有

$$P \left\{ \sqrt{n(\overline{D_n} - \Delta_g)} < x \right\} \geq K(x)$$

或

$$P \left\{ \sqrt{n(\overline{D_n} - \Delta_g)} \geq x \right\} < 1 - K(x)$$

式中：$K(x)$ 为柯尔莫可洛夫分布的函数。

研究结果表明，以下是使用柯尔莫可洛夫准则的正确途径。首先，计算 $\sqrt{n(\overline{D_n} - \Delta_g)} = \lambda_0$，然后会有

$$P \left\{ \sqrt{n(\overline{D_n} - \Delta_g)} \geq \lambda_0 \right\} < 1 - K(\lambda_0)$$

如果 $1 - K(\lambda_0)$ 的数值很小，则概率 $P \left\{ \sqrt{n(\overline{D_n} - \Delta_g)} \geq \lambda_0 \right\}$ 也会很小，这意味

着发生了一个不可能的事件,并且 $F_S(x)$ 和 $F_n(x)$ 之间的差异可以被认为是研究值和 Δ_g 的实质性而非随机性的特征。因此,可以得出结论:

$$\max_{(x)<\infty} |F_S(x)-F_M(x)| > \Delta_g$$

如果该准则的数值水平高于 $1-K(\lambda_0)$,则拒绝假设 H_0。如果 $1-K(\lambda_0)$ 的值很大,它并不能完全证实这个假设,但是 Δ_g 的值较小,我们可以认为试验结果与假设不矛盾。

下面以 $F_S(x)$ 和 $F_M(x)$ 之间的偏差来衡量 $F_S(x)$ 和 $F_M(x)$ 之间的最大差异,用斯米莫夫(Smirnov)准则[9]来衡量 $F_S(x)$ 和 $F_M(x)$ 之间的最大偏差值作为 $F_S(x)$ 和 $F_M(x)$ 之间的偏差:

$$\Delta[F_M(x),F_S(x)] = \max_{(x)<\infty}[F_M(x)-F_S(x)]$$

在这种情况下,假设 H_0 变为

$$H_0: \max_{(x)<\infty}[F_n(x)-F_S(x)] \leqslant \Delta_g$$

该准则的统计量为[5]

$$\overline{D}_n^+ = \max\left[\frac{m}{n}-F(\eta_m)\right]$$

与前面的解类似,上面的值为

$$\overline{D}_n^+ = \max_{(x)<\infty}|F_n(x)-F_M(x)| +\Delta_g$$

或

$$\sqrt{n(\overline{D}_n^+-\Delta_g)} \leqslant n\max_{(x)<\infty}|F_n(x)-F_M(x)|\times\sqrt{nD_n^+}$$

极限中随机值 $\sqrt{nD_n^+}$ 呈斯米莫夫分布,因此存在以下关系:

$$P\left\{\sqrt{n(\overline{D}_n^+-\Delta_g)} <x\right\} \geqslant 1-e^{-2x^2}$$

或

$$P\{n(\overline{D}_n^+-\Delta_g)\} > e^{-2x^2}$$

因此,得到了以下准则的使用规则。首先,计算 $\sqrt{n(D_n^+-\Delta_g)} = \lambda_0$。然后,有

$$\left\{\sqrt{n(\overline{D}_n^+-\Delta_g)} \geqslant \lambda\right\} < e^{-2\lambda_0^2}$$

如果 $e^{-2\lambda_0^2}$ 很小,那么 $P\left\{\sqrt{n(\overline{D}_n^+-\Delta_g)} \geqslant \lambda_0\right\}$ 的概率也很小,如果把它描述成类似于上面的情况,则

$$\max[F_M(x)-F_S(x)] > \Delta_g$$

考虑到对立假设 H_1^-,所有假设都将类似于假设 H_1^+,因为如果被减数和减数互换位置,最终的结果不会改变。

其次,考虑使用仅具有权重函数的对立假设 $H_1[\varphi(F)]$ 来检查假设 H_0。

$$\begin{cases} \varphi(F) = \dfrac{1}{F_S(x)} & (F_S(x) \geqslant a) \\ 0 & (F_S(x) < a) \end{cases}$$

让我们将 $F_S(x)$ 和 $F_M(x)$ 之间的偏差作为度量进行计算:

$$\Delta[F_S(x), F_M(x)] = \max_{F_S(x) \geqslant a} \frac{|F_M(x) - F_S(x)|}{F_S(x)}$$

该准则的统计量可表示为

$$R_n(a,1) = \max_{F_S(x) \geqslant a} \frac{F_n(x) - F_S(x)}{F_S(x)}$$

实际计算可采用以下公式:

$$\overline{R}_n(a,1) = \max\left\{ \max_{F(\eta_M) \geqslant a} \frac{\dfrac{m}{n} - F(\eta_M)}{F(\eta_M)}, \ \max_{F(\eta_M) \geqslant a} \frac{F(\eta_M) - \dfrac{m}{n}}{F(\eta_M)} \right\}$$

如上所述,该统计量的上限为

$$\overline{R}_n(a,1) = \max_{F_S(x) \geqslant a} \frac{|F_n(x) - F_S(x)|}{F_S(x)} \leqslant \max_{F_M(x)} \frac{F_n(x) - F_M(x)}{F_M(x)} \times \max_{F_S(x) \geqslant a} \frac{F_M(x)}{F_S(x)} + \Delta_g$$

$$\leqslant \overline{R}_n(a,1) \frac{1}{a} + \Delta_g \tag{2-2}$$

假设 H_0 和 H_1 变为

$$H_0: \max_{F_S(x) \geqslant a} \frac{|F_n(x) - F_S(x)|}{F_S(x)} \leqslant \Delta_g$$

$$H_1: \max_{F_M(x) > a} \frac{|F_n(x) - F_S(x)|}{F_S(x)} > \Delta_g$$

我们得到式(2-2),这是因为 $\displaystyle\max_{F_M(x) > a} \frac{|F_n(x) - F_M(x)|}{F_M(x)}$ 为 $R_n(a,1)$ 的一个统计量。

因此,受限于 $n \to \infty$ 的随机值 $\sqrt{n[R_n(a,1) - \Delta_g]}$ 遵循以下分布定律[7]:

$$L(x) = \frac{4}{\pi} \sum_{k=0}^{\infty} \frac{(-1)^k}{2^{k+1}} e^{-\frac{(2k+1)^2 \pi^2}{8x^2}}$$

由此可知:

$$P\left\{ \sqrt{na[\overline{R}_n(a,1) - \Delta_g]} \right\} < x$$

或

$$P\left\{\sqrt{n\left[\overline{R_n}(a,1)-\Delta_g\right]}\geqslant x\right\}<1-4(\lambda_0)$$

因此得到了克里亚提斯(Klyatis)准则,它是柯尔莫可洛夫和斯米莫夫准则的修正。

使用克里亚提斯准则有以下规则:

(1) 计算 $\sqrt{na\left[R_n(a,1)-\Delta_g\right]}=\lambda_0$。

(2) 在这种情况下,可以得出 $P\left\{\sqrt{na\left[R_n(a,1)-\Delta_g\right]}\geqslant\lambda_0\right\}<1-L(\lambda_0)$。

(3) 如果 $1-L(\lambda_0)$ 很小,那么概率 $P\left\{\sqrt{na\left[R_n(a,1)-\Delta_g\right]}\geqslant\lambda_0\right\}$ 也很小,这意味着 $F_n(x)$ 和 $F_S(x)$ 之间的差异是显著的。

然后我们用最大的差值作为偏差的度量:

$$\Delta\left[F_M(x),F_S(x)\right]=\max_{F_S(x)\geqslant a}\left[\frac{F_M(x)-F_S(x)}{F_S(x)}\right]$$

这个问题也可以通过类似于之前介绍的方法来解决,该准则的使用规则如下。计算:

$$\sqrt{na\left[R_a^+(a,1)-\Delta_g\right]}=\lambda_0$$

然后可得出:

$$P\left\{\sqrt{na\left[R_a^+(a,1)-\Delta_g\right]}\geqslant\lambda_0\right\}<2\left[1-\Phi\left(\frac{\lambda_0\times\sqrt{a}}{\sqrt{1-a}}\right)\right]$$

如果 $2\left[1-\Phi\left(\dfrac{\lambda_0\times\sqrt{a}}{\sqrt{1-a}}\right)\right]$ 很小,则意味假设 H_0 被拒绝,然后通过类比以前的解决方案,同样适用于竞争假设 H_1。

它们都类似于权重函数:

$$\psi\left[F_S(x)\right]=\begin{cases}1 & (F_S(x)\leqslant a)\\1-F_S(x) & (F_S(x)>a)\end{cases}$$

现在考虑 $F_S(x)$ 未知时的变体,在这种情况下,需要提供预计对象的 ART。最终会得到系统可靠性的随机值 $\varphi,\varphi^{(1)},\cdots,\varphi^{(m)}$,并且可以使用这些值来构建 $F_M(x)$ 分布的函数。利用分布函数 $F_n(x)$ 和 $F_M(x)$,确定所研究的随机值是否与一个类相关,也就是说,通过使用某种度量措施,分布函数 $F_n(x)$ 和 $F_S(x)$ 之间的实际差异将小于或大于给定的容差 Δ_g。

将斯米莫夫准则中的散度(偏差)度量作为分布[9]函数之间的散度度量:

$$\Delta\left[F_M(x),F_S(x)\right]=\max_{(x)<\infty}\left[F_M(x)-F_S(x)\right]$$

在这种情况下,零假设 H_0 是这种形式:

$$\widetilde{H_0}: \max_{(x)<\infty} \left[F_n(x) - F_m(x) \right] \leqslant \Delta_g$$

对立假设 H_1^+ 的形式如下:

$$H_1: \max_{(x)<\infty} \left[F_n(x) - F_m(x) \right] > \Delta_g$$

该准则的统计量可以用表示为

$$\widetilde{D}_{m,n} = \max_{(x)<\infty} \left[F_n(x) - F_m(x) \right]$$

其上限估计为

$$\widetilde{D}_{m,n}^+ = \max_{(x)<\infty} \left[F_n(x) - F_S(x) - F_m(x) + F_M(x) + F_S(x) - F_M(x) \right]$$

$$\leqslant \max_{(x)<\infty} \left[F_n(x) - F_S(x) \right] + \max_{(x)<\infty} \left[F_M(x) - F_m(x) \right] + \max_{(x)<\infty} \left[F_S(x) - F_M(x) \right]$$

如果假设 H_0 是正确的,则

$$\overline{D}_{m,n}^+ \leqslant D_n^+ + D_m^- + \Delta_g$$

其中

$$\overline{D}_n^+ = \max_{(x)<\infty} \left[F_n(x) - F_S(x) \right] \quad \overline{D}_m^+ = \max_{(x)<\infty} \left[F_M(x) - F_m(x) \right]$$

如上所述,统计量 $\overline{D}_m^+$ 和 $\overline{D}_n^+$ 具有相同的分布。因此存在以下关系:

$$\overline{D}_{m,n}^+ - \Delta_g \leqslant D_n^+ + D_m^n$$

因此可以得到下式:

$$\sqrt{\frac{mn}{m+n}} \left(\overline{D}_{m,n}^+ - \Delta_g \right) \leqslant \sqrt{\frac{mn}{m+n}} D_n^+ + \sqrt{\frac{mn}{m+n}} D_m^+$$

若 n 和 m 趋近于无穷,则 $m/n \rightarrow k$。则可得到下式:

$$\lim_{n\rightarrow\infty} \sqrt{\frac{mn}{m+n}} \left(\overline{D}_{m,n}^+ - \Delta_g \right) \leqslant \sqrt{\frac{1}{1+k}} \lim_{n\rightarrow\infty} \sqrt{nD_n^+} + \sqrt{\frac{k}{k+1}} \lim_{n\rightarrow\infty} D_m^+$$

将随机变量 $\lim_{n\rightarrow\infty} \sqrt{nD_n^+}$ 用 V_2 表示,V 符合斯米莫夫分布函数 $F_V(x) = 1 - e^{-2x^2}$。假设 m 和 n 足够大,这个问题的解已经由克利亚提斯发表[1-2]。因此,我们获得了以下准则的使用规则。

首先计算下式:

$$\sqrt{\frac{mn}{m+n}} \left(\overline{D}_{m,n}^+ - \Delta_g \right) = \lambda_0 \tag{2-3}$$

式中:n 为 ART/ADT 期间的失效数;m 为现场失效数。

因此可得

$$P\left\{ \sqrt{\frac{mn}{m+n}} \left(\overline{D}_{m,n}^+ - \Delta_g \right) \geqslant \lambda_0 \right\} \leqslant 1 - F_\xi(\lambda_0)$$

如果 $1-F_\xi(\lambda_0)$ 很小,通过与之前的计算进行类比,假设 H_0 将被拒绝。在这种情况下,如果 $k=0$ 或 $k=\infty$,则 $\xi=V$。

如果用一个泛函来衡量分布函数之间的偏差,则存在以下等式:

$$\Delta[F_S(x),F_M(x)] = \max_{(x)<\infty} |F_M(x)-F_S(x)|$$

将这些计算步骤与之前的进行类比,得到以下形式的准则使用规则。首先,我们计算以下数值:

$$\sqrt{\frac{mn}{m+n}(\overline{D}_{m,n}^+-\Delta_g)} = \lambda_0$$

然后会有

$$P\left\{\sqrt{\frac{mn}{m+n}(\overline{D}_{m,n}^+-\Delta_g)} \geq \lambda_0\right\} \leq 1-F_x(\lambda_0)$$

如果 $1-F_x(\lambda_0)$ 很小,意味着假设 H_0 被拒绝,然后与先前的步骤一致进行计算。

为了求出随机变量 k 的分布,可以使用特殊的依赖关系,其中:

$$a=\frac{k_1}{\sqrt{k+H}}; \quad b=\frac{\sqrt{k_1}}{\sqrt{k_1+1}}$$

柯尔莫可洛夫分布函数如下:

$$F_\xi(k) = \sum_{k=-\infty}^{\infty} (-1)^k e^{-2k2x^2}$$

结论如下:

(1) 工程版所得到的解是对相关统计准则的上限估计,这些统计准则和在 ART 条件和现场条件下创建的可靠性特征的分布函数之间的度量相对应。这对于工业的实际可靠性预计以及解决其他工程问题(加速可靠性发展和改进等)都是有用的。

(2) 数学形式的解是通过测量斯米莫夫偏差和柯尔莫可洛夫偏差来比较两个经验函数的分布,得到近似克利亚提斯准则作为斯米莫夫和柯尔莫可洛夫准则的偏差($\Delta_g<0$)修正。

斯米莫夫偏差等式如下:

$$\Delta[F_M(x),F_S(x)] = \max_{(x)<\infty} [F_M(x)-F_S(x)]$$

柯尔莫可洛夫偏差:

$$\Delta[F_S(x),F_M(x)] = \max_{(x)<\infty} |F_S(x)-F_M(x)|$$

在斯米莫夫准则中,根据零假设可知

$$\max_{(x)<\infty}\left[F_{\mathrm{M}}(x)-\widetilde{F_m}(x)\right]<\Delta_{\mathrm{g}}$$

根据竞争假设可知

$$\max_{(x)<\infty}\left[F_{\mathrm{M}}(x)-\widetilde{F_m}(x)\right]>\Delta_{\mathrm{g}}$$

如果 $\Delta_{\mathrm{g}}=0$,可以使用斯米莫夫准则,类似的情况也适用于柯尔莫可洛夫准则。两个版本之间的区别在于,在使用斯米莫夫准则的克利亚提斯修正的测量中,只考虑了 $F_{\mathrm{S}}(x)>F_{\mathrm{M}}(x)$ 所在的区域(负载的波形图等),并且只观察它们之间的最大差异。

在对柯尔莫可洛夫准则进行斯米莫夫修正时,考虑了各区域的最大模。比较这两个准则是有意义的,因为斯米莫夫准则更容易计算,但不能全面反映 $F_{\mathrm{S}}(x)$ 和 $F_{\mathrm{M}}(x)$ 之间的差异;柯尔莫可洛夫准则更全面地描述了上述差异,但计算起来更为复杂。

因此,必须根据要解决的问题的具体条件来决定对特定情况的更好准则的选择。

下面用一个实际例子来说明所得到的解。已知汽车变速器的失效数 $m=102$,进行 ART/ADT 试验之后,发生了 95 次失效,即 $n=95,\Delta_{\mathrm{g}}=0.02$。

在以上情况下,通过失效间隔建立失效时间 $F_{\mathrm{M}}(x)$ 的经验分布函数,并且在 ART/ADT 期间通过失效间隔建立失效时间 $F_{\mathrm{M}}(x)$ 的分布函数。由此可见,这是最后一个要考虑的变量。

如果将 $F_{\mathrm{M}}(x)$ 的图像(图 2-1)和 $\widetilde{F_m}(x)$ 的图像进行比较,将会找到 $F_{\mathrm{M}}(x)$ 和 $\widetilde{F_m}(x)$ 之间的最大差异。为了清晰地观察两者的图像差,可以在透明纸上绘制 $F_m(x)$ 的图像,这样很容易得到最大的差值 $D_{m,n}^{+}=0.1$。在文特尔(Ventcel)的书中找到 λ_0 的对应的值: $\lambda_0=0.98$。

$$k=\frac{m}{n}\approx1$$

因此可以得到以下等式:

$$F_x(x)=1-\mathrm{e}^{-2x^2}\left[1+x\sqrt{2}\,\pi\Phi(x)\right]$$

当 $\lambda_0=0.98$,得到 $F_x(0.98)=0.6$。由此可知,$1-F_x(0.98)\approx0.4$。因为 $1-F_x(0.98)$ 的值不足够小,所以可以接受假设 H_0。因此,根据斯米莫夫检验,在现场条件和 ART/ADT 条件下试验车辆中的上述试验对象(如汽车变速器)失效时间分布函数之间的差异在给定极限 $\Delta_{\mathrm{g}}=0.02$ 内(图 2-6)。这为使用该试验结果有效预计汽车变速器的可靠性提供了有效信息。

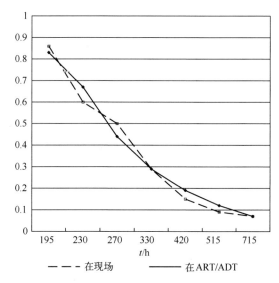

图 2-6　在现场和 ART/ADT 条件下,评估拖车传动细节失效
时间分布函数之间的对应关系

2.5.2　基于加速可靠性试验结果的产品可靠性预计技术的发展历程

本节将讨论对存在复杂输入因素影响的产品如何进行可靠性预计的问题。

典型的工程实践是试验少量样品(每个组件取 5~10 个试验样本),并将 2~5 个可能的故障视为可接受的。通常,假设系统组件的所有故障之间在统计上是独立的。

这种方法非常灵活,适用于许多不同类型的产品,包括电子产品、机电产品、机械产品和其他类型的产品。

2.5.2.1　可靠性预计的基本概念

正如本书前面提到的,为了使可靠性预计发挥作用,必须基于适当的方法、技术和设备,以确保在进行预计之前为其提供准确初始信息。

为使初始信息准确,本书前面已经介绍了有效的方法,如 ART/ADT 就可以提供这些信息。

可靠性预计的基本概念包括以下基本步骤:

(1)构建精确的实时性能模型。

(2)使用该模型试验产品,并研究随时间变化的退化机制,随后将模型的退化机制与产品的实际退化机制进行比较。如果退化机制的差异超出了固定限制,那么必须提高模型的实时性能。

（3）使用这些试验结果作为初始信息,对可靠性预计进行实时性能预计。

每个步骤都可以用不同的方式执行,但是只有当研究人员和工程师使用这个概念时,可靠性才能准确地预计。

只有充分地理解了产品的实际可靠性是取决于不同交互输入的影响时,才能执行步骤(1),第3章将对此进行详细的介绍。输入影响的模拟必须和实际情况一样复杂。例如,对于移动产品,需要使用多轴振动结合多环境和其他因素的试验。

为了解决步骤(2)的问题,必须了解产品的退化机制以及影响该机制的参数。产品退化机制的原因包含在产品的性能数据中,其中包括电气、机械、化学、热和辐射效应。机械性能退化的一些参数包括变形、裂纹、磨损、蠕变等。在现实生活中,不同的退化过程可能同时发生,并相互结合产生效应。

因此,ART中还必须包括同时结合不同类型的试验(环境、电气、振动等),并假设故障与这些综合因素有统计上的关联。在 ART/ADT 过程中,产品的退化机制必须与现实生活中的机制相似。

为了执行可靠性预计技术的第3步,必须考虑所有相关的方面,包括制造条件和现场条件。

2.5.2.2 预计可靠性函数的方法(未知精确的故障分布规律)

针对两种类型的条件解决了该问题:①由系统组成元件可靠性函数的点表达式组成的预计;②以预先确定的准确度和置信区域[11]预计系统的可靠性函数。

如果我们有故障频率图 $f(t)$,则可以用基于故障风险或频率的函数图解析法求解,然后通过分析故障频率图,就可以得到以下可靠性函数:

$$p(t) = \int_0^t f(t)\,\mathrm{d}t = 1 - S_\mathrm{f} \tag{2-4}$$

式中: $\int_0^t f(t)\,\mathrm{d}t = S_\mathrm{f}$ 为通过 ART 得到的曲线 $f(t)$ 与 x 轴、y 轴和 $x = t$ 之间围成的面积。

由不同部件(细节)组成的系统的可靠性函数如下:

$$P(t) = \prod P_j(t) = \prod (1 - S_{\mathrm{f}j}) \tag{2-5}$$

例如,当进行输送带加速试验时,已知 $t = 250$,可以求出面积 $S_\mathrm{f} = 1.12$,概率 $P(t) = 0.82$。

条件②需要计算累计频率函数和方程(式(2-6)和式(2-7))中置信系数的

值,并评估上下限置信区的曲线。在式(2-6)和式(2-7)中,$C_n^m p^m (1-P)^{n-m}$ 是在 n 个独立实验中有 m 次指定事件发生的概率。当置信系数 $\lambda = 0.95$ 或 $\lambda = 0.99$ 时,$\overline{Y}$ 和 Y 的值可在研究概率论的书籍表格中找到。

$$Y(x) = \sum_{\overline{m}}^{n} C_n^m p^m (1-P)^{n-m} \qquad (2-6)$$

$$Y(x) = \sum_{m=0}^{k} C_n^m p^m (1-P)^{n-m} \qquad (2-7)$$

2.5.2.3　数学模型预计方法(缺少产品可靠性与制造期间和现场使用的不同因素之间的依赖关系)

这些因素(影响)应作为 ART/ADT 的结果进行评估。使用较好描述可靠性与上述一系列因素之间相关性的数学模型可以解决这个问题:

$$z_i^{(\tau)} = f_i^{(\tau)}(v_1; v_2; \cdots; v_\theta) \quad (\tau = 1, 2, \cdots, n) \qquad (2-8)$$

式中:θ 为所有影响因素的数量;n 为最完整地表征产品的第 i 个模型的可靠性指标的数量;$f_i^{(\tau)}(v)$ 为可靠性影响因素的函数,通过改变产品影响因素的可靠性水平,得到函数的最优解。该函数的建立需要大量的统计数据,可以通过用于估计可靠性指标的固定因子值的实验得到这些数据。

这是一个需要花费大量资源才能解决的难题。通过早期样本的 ART/ADT 结果,可以更容易地预计未来将要生产的产品的可靠性指标。在这种情况下,一部分输入影响(机械、环境等)可以用来获得产品 ART/ADT 的结果。在研究数学建模结果时,还必须考虑制造细节、操作人员具体情况等因素的影响。

在这种情况下,需要评估可预计的第 j 个传导过程中第 i 个乘积模型的第 τ 个量化可靠性指数 $z_{ij}^{(\tau)}$ 与指数 $z_i^{(\tau)}$ 平均值之间的关联,两者之间的关联可以通过加速试验产品中的 μ 个样品获得,以下描述了其功能依赖性:

$$Z_{ij}^{(\tau)} = G^{(\tau)}(Z_i^{(\tau)}; U_i(t); a_j^{(\tau)}; a_{ij}^{(\tau)}) \quad (\tau = 1, 2, \cdots, n) \qquad (2-9)$$

式中:$U_i(t) = F_{mi}(t), F_{ij}(t)$ 为制造过程和现场中最重要的缺乏相关性的共同因素;$a_i^{(\tau)}$、$a_{ij}^{(\tau)}$ 为式(2.9)中数学模型的未知参数,其特征在于制造因素和现场因素。

$$F_{mi}(t) = F_{m1}(t); F_{m2}(t); \cdots; F_{mn}(t)$$
$$F_{ij}(t) = F_{i1}(t); F_{i2}(t); \cdots; F_{in}(t)$$

$m=5$ 和 $i=6$ 是制造过程和现场中最重要的缺乏相关性的共同因素的数量。

平均值 $Z_i^{(\tau)}$ 是 μ 个样品(通常不超过 2 个或 3 个样品)的 ART/ADT 的结果,可用下式计算:

$$Z_i^{(\tau)} = \mu^{-1} \sum_{k=1}^{m} Z_{ik}^{(\tau)} \qquad (2-10)$$

上述试验结果不受实验室无法模拟的因素影响。因此，在式（2-9）的模型中，变量可分为

$$Z_i^{(\tau)} = K_{if}^{(\tau)}(F_{ni}(t); F_{fi}(t); a_j^{(\tau)}; a_{ij}^{(\tau)}) Z_i^{(\tau)} \tag{2-11}$$

式中：$K_{if}^{(\tau)}$ 为未来产品可靠性定量指标重新计算的系数，涉及通过样品的 ART 获得的平均指标。

这些系数取决于制造和现场条件，这些条件本身与时间有关，并且包含未知的参数值。这些系数值对于不同的产品和不同的可靠性指标是不同的。这是因为不同的公司在不同的现场条件下生产因素的水平存在差异。对于不同的可靠性指标，重新计算的系数值可以大于或小于 1。因此，这些系数存在以下函数关系：

$$K_{ij}^{(\tau)} = F^{(\tau)}\{f[F_{ni}(t); a_i^{(\tau)}; a_{ij}^{(\tau)}]\} \tag{2-12}$$

式中：$F[F_{ni}(t); F_{fi}(t); a_i^{(\tau)}; a_{ij}^{(\tau)}]$ 为缺乏评估现场和制造条件相关因素的对产品可靠性影响程度的函数。最重要的因素是可测量水平（等级）P 和 Q 以及实际水平 X_i 和 Y_i。

如果考虑到这些因素对时间的弱依赖性，我们可以讨论产品可靠性预计统计问题的影响函数：

$$K_{ij}^{(\tau)} = F^{(\tau)}\{f[X_i; P; Y_i; Q; a_i^{(\tau)}; a_{ij}^{(\tau)}]\} \tag{2-13}$$

式中：$X_i = (x_{i1}, x_{i2}, \cdots, x_{im})$ 和 $Q = (q_1, q_2, \cdots, q_i)$ 分别为实际水平的特定可测平均值和制造和现场的可计算的平均值，是最重要的因素。本书后面将讨论对可靠性预计的研究以及不同公司对特定制造和现场条件（运行条件）的依赖性。

下面构建一个特定的影响函数以确定以下内容：

（1）所有重要的缺乏制造和现场相关作用因素的综合影响程度。

（2）单个因素组（制造因素组和现场因素组）对产品可靠性的影响程度。

（3）最重要因素组中单个因素的影响程度。

所有可靠性指标的函数 $f(X_i; P; Y_i; Q; a_i^{(\tau)}; a_{ij}^{(\tau)})$ 似乎是相等的，因为对于所有的可靠性指标，制造和现场的不同因素的影响形式是相同的，但任何可靠性指标的值都可能不同。我们应该考虑未知参数 $a_i^{(\tau)}$ 和 $a_{ij}^{(\tau)}$ 在不同条件下的差异，这些参数对每种可靠性指标的数量、每种产品型号、每一组现场条件以及公司的每种产品都具有特定的值。

我们对这个函数给出以下要求：

（1）函数的值必须始终为正。

（2）最大值必须小于或等于 1.00，才能通过计算式（2-14）中的函数来简化数学模型。

另外，实际的要求是在设计过程中用于试验的样品的可靠性通常高于该产

品制造后的可靠性,并且维护时间通常较短。

因此,重新计算平均故障时间和平均维护时间的系数具有以下的依赖关系:

$$K_{ij}^{(1)} = f(X_i; P; Y_i; Q; a_i^{(1)}) \qquad (2-14)$$

$$K_{ij}^{(2)} = 1/f(X_i; P; Y_i; Q; a_i^{(2)}) \qquad (2-15)$$

如果考虑单独因素与因素组之间缺乏相关性,可以得到(经过处理后)以下等式:

$$f(X_i; P; Y_i; Q; a_i^{(\tau)}; a_{ij}^{(\tau)}) = C_n \sum_{k-1}^{m} \alpha_x (a_i^{(\tau)})^{1-xik} + C_f \sum_{k=1} \beta_k (a_{ij}^{(\tau)})^{1-yjk}$$

$$(2-16)$$

式中: $C_n = 1 - b_n$ 和 $C_f = 1 - b_r$ 是归一化系数,其与不同因子组的平均特定可测量值 b_n 和 b_r 相关。根据我们的研究结果可知: $b_n = 0.47$, $b_r = 0.53$。

归一化系数的输入是必要的,因为如果一组因素(或一个单独的因素)的可测量性越大,依赖于这组因素(单个因素)的产品可靠性的下降就越大,这意味着影响函数的数量必须更少。

以此类推,归一化系数 α_k 和 β_k 为

$$\begin{cases} \alpha_k = \dfrac{1-\rho_k}{m-1} \\ \beta_k = \dfrac{1-q_k}{l-1} \end{cases} \qquad (2-17)$$

可以找到未知参数 $a_i^{(\tau)}$ 和 $a_{ij}^{(\tau)}$ 的原型,因为在未来或现代化产品中无法确定这些参数的值。例如,如果我们比较第 μ 个样本的 ART 结果获得产品的第 i 个模型的第 τ 个可靠性指标,并作为在现场试验中的第 υ 个样本的研究的结果,那么我们可以计算参数 $a_{ij}^{(\tau)}$ 的值。

未知参数 $a_i^{(\tau)}$ 由参数 $a_{ij}^{(\tau)}$ 之和得到,具体为

$$a_I^{(\tau)} = N^{-1} \sum_{j=1}^{N} a_{ij}^{(\tau)} \qquad (2-18)$$

式中: N 为上一个模型使用的区域数。

因此,为了预计失效时间,可以使用以下等式:

$$T_{oijf} = T_{oi} \left[C_n \sum_{k-1}^{m} \alpha_k (a_i^{(i)})^{1-xik} + C_f \sum_{k=1}^{i} \beta_k (a_{ij}^{1})^{1-yjk} \right] \qquad (2-19)$$

式中: T_{oi} 为平均失效时间,它是从 μ 个样品的 ART 结果中获得的。

2.5.2.4　实例

通过对新型自航式喷雾机 Ro Gator 554 和 John Deere 6500 进行短期的现场试验,得出了平均故障时间和平均维护时间(表2-2)。

表 2-2　自航式喷雾机样机的短期试验结果

指标	Ro Gator 554 样机		John Deere 6500 样机	
	威望农场,克林顿（北卡罗来纳州）	大陆谷物公司（纽约）	威望农场,克林顿（北卡罗来纳州）	大陆谷物公司（纽约）
平均故障时间/h	104	73.80	104	171.10

我们把 Finn T-90 和 T-120 作为原型,表 2-3 列出了这些机器的 4 个试样的现场试验结果。

表 2-3　样机试验结果

试验地点	样机型号	样机编号	故障时间/h	平均故障时间/h
墨菲家庭农场	Finn T-90	No. 287	21.9	37.92
		No. 261	29.04	
		No. 290	53.62	
		No. 291	47.81	
	T-120	No. 059	49.32	58.37
		No. 030	48.22	
		No. 063	56.2	
		No. 218	67.41	
卡罗尔食品公司	Finn T-90	No. 316	40.92	39.63
		No. 358	1.72	
		No. 1001	37.67	
		No. 1005	5871	
	T-120	No. 714	58.72	67.41
		No. 1105	80.54	
		No. 4516	62.98	

利用式(2-16)和表 2-4,根据最重要的制造和现场因素的特定的平均比重(可测量)值,得出归一化系数 α_k、β_k 和 q_k 的值。

使用式(2-8)和表 2-3、表 2-4 和表 2-5 可获得未知参数 α。

使用上述公式和表 2-4 和表 2-5 可获得新机器的再计算系数(表 2-6)。

表 2-4　最重要的制造和现场影响因素对应的归一化系数

归一化系数	1	2	3	4	5	6
P_k	0.2325	0.2225	0.2125	0.175	0.1575	—

续表

归一化系数	1	2	3	4	5	6
α_k	0.1920	0.1940	0.1970	0.206	0.2110	—
q_k	0.2325	0.2250	0.2075	0.130	0.1125	0.0925
β_k	0.1540	0.1550	0.1590	0.174	0.1780	0.1820

表 2-5　未知系数 α_i 和 α_{ij} 的值

	T-90			T-120		
	墨菲家庭农场	卡罗尔食品公司	威望农场	墨菲家庭农场	卡罗尔食品公司	威望农场
$a_i^{(\tau)}$	0.42	0.47	0.445	0.19	0.23	0.21
$a_{ij}^{(\tau)}$	0.45	0.75	0.60	0.56	0.80	0.68

利用式(2-22)和式(2-23)以及表 2-2、表 2-6 和表 2-7,可以在新机器 Ro Gator 554 和 John Deere 6500 批量生产时预计它们的平均故障时间。

表 2-6　喷雾机的再计算系数

	Ro Gator 554		John Deere 6500	
	威望农场,克林顿（北卡罗来纳州）	大陆谷物公司（纽约）	威望农场,克林顿（北卡罗来纳州）	大陆谷物公司（纽约）
平均失效时间/h	0.64	0.66	0.43	0.45

表 2-7　预计的平均失效时间

	Ro Gator 554		John Deere 6500	
	威望农场,克林顿（北卡罗来纳州）	大陆谷物公司（纽约）	威望农场,克林顿（北卡罗来纳州）	大陆谷物公司（纽约）
平均失效时间/h	57.12	59.01	59.67	62.61

如果想从组件的加速试验结果预计系统的可靠性,可以使用这个方法,此方法已经在其他书籍中进行了详细介绍[12]。

参 考 文 献

[1] Klyatis L. (2012). Accelerated Reliability and Durability Testing Technology. John Wiley & Sons.

[2] Klyatis L, Klyatis E. (2006). Accelerated Quality and Reliability Solutions. Elsevier.

［3］ Klyatis L. (2016). Successful Prediction of Product Performance. Quality, Reliability, Durability, Safety, Maintainability, Life Cycle Cost, Profit, and Other Components. SAE International, Warrendale, PA.

［4］ Klyatis LM. (2017). Why separate simulation of input influences for accelerated reliability and durability testing is not effective? In SAE 2017 World Congress, Detroit, paper 2017-01-0276.

［5］ Klyatis L, Klyatis E. (2002). Successful Accelerated Testing. Mir Collection, New York.

［6］ Klyatis L, Walls L. (2004). A methodology for selecting representative input regions for accelerated testing. Quality Engineering 16(3): 369-375.

［7］ Van der Waerden BL. (1956). Mathematical Statistics with Engineering Annexes. Springer (in German).

［8］ Kolmogorov AN. (1941). Interpolation and extrapolation of stationary random sequences. Izvestiya Akademii Nauk SSSR: Seriya Matematicheskaya 5: 3-14.

［9］ Smirnov NV. (1944) Approximation of distribution laws of random variables by empirical data. Uspekhi Matematicheskikh Nauk 10: 179-206.

［10］ Ventcel ES. (1966). Theory of Probability. Vysshaya Shkola, Moscow.

［11］ Klyatis LM. (1985). Accelerated Evaluation of Farm Machinery. Agropromisdat, Moscow.

［12］ Klyatis LM, Teskin OI, Fulton JW. (2000) Multi-variate Weibull model for predicting system reliability, from testing results of the components. In The International Symposium of Product Quality and Integrity (RAMS) Proceedings, Los Angeles, CA, January 24-27, pp. 144-149.

习　　题

2.1　描述在克利亚提斯博士为百得公司进行有关改进可靠性试验方法的咨询工作中发生的事情。

2.2　来到美国之后,克利亚提斯博士是如何继续发展他之前为有效预计工业可靠性而创建的系统的?

2.3　列出可靠性预计出版物中介绍的方法无法被工业成功使用的原因。

2.4　描述实现有效可靠性预计需要的基本步骤。

2.5　为什么正确的定义在可靠性预计中如此重要?

2.6　简述"精确的系统可靠性预计"的定义。

2.7　简述"正确的加速可靠性试验"的定义。

2.8　加速腐蚀试验需要模拟哪些基本要素?

2.9　加速振动试验需要模拟哪些基本要素?

2.10　振动试验和加速可靠性(或耐久性)试验有什么区别?

2.11　可靠性预计方法应包括哪些要素？

2.12　产品有效可靠性预计的通用方法体系由哪些要素组成？

2.13　为什么许多已发布的可靠性预计方法不能被业界成功使用？

2.14　简述利用加速可靠性试验结果进行可靠性预计的基本意义。

2.15　简述柯尔莫可洛夫和斯米莫夫准则的区别。

2.16　克里亚提斯准则与柯尔莫可洛夫和斯米莫夫准则有什么区别？

2.17　克里亚提斯准则的使用规则是什么？

2.18　使用加速可靠性或耐久性试验作为初始信息源的可靠性预计的基本概念是什么？

2.19　在未知故障分布规律的准确分析结果或图像的情况下，使用可靠性预计函数的基本要点是什么？

2.20　在未表明产品可靠性与制造过程中和现场使用的不同因素之间的依赖关系的条件下，使用数学模型进行预计的基本要点是什么？

2.21　给出有效工业可靠性预计的方案。

2.22　描述有效可靠性预计的 5 个常见步骤。

2.23　描述在有效的可靠性预计中所考虑的产品/过程的真实环境是如何相互作用的。

第3章　可靠性预计中的试验技术

列夫·M. 克利亚提斯

通过第 1 章的分析,可以知道可靠性预计的应用还没有完全发展到可供工业实际使用的程度。主要是因为采用的统计方法不能直接与获得准确初始信息的来源联系起来,而获得准确初始信息是这些方法在设计中成功应用的必要因素。初始信息通常是从试验技术中获得的,而现有的试验技术还不能完全复制真实的环境条件。因此,在预期的时间段内,无论是使用寿命、保修期还是任何其他已确定的时间,预计结果与实际结果之间都存在显著差异。

3.1　试验策略对可靠性预计水平的影响

下面详细分析试验策略对可靠性预计水平的影响。试验的 2 个基本方面见图 3-1:

(1) 在正常的现场条件下试验(现场条件为产品在真实世界中运行的条件)。

(2) 加速试验。

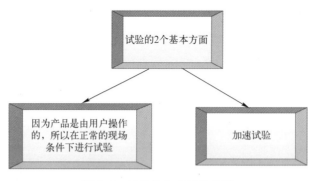

图 3-1　试验的 2 个基本方面

通常使用加速试验进行可靠性评估和预计,其中有 4 种方法,如图 3-2 所示。在本书中,我们使用第 4 种方法,主要原因如下:

（1）方法 1 不能为有效可靠性预计提供准确的初始信息，因为它没有考虑在规定的全寿命周期（使用年限）内，多种环境类型的试验对产品可靠性的影响。

（2）方法 2 不能提供可靠信息，因为它不适用于实际产品或不能模拟产品在现场的实际影响。

（3）方法 3 不能准确地模拟真实的现场条件，因此它不能提供有效可靠性预计所必需的可靠信息。

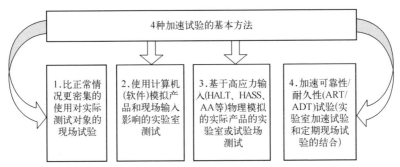

图 3-2　4 种加速试验的基本方法

我们必须认识到，所有类型的实验室试验或实车试验场试验实际上都是加速试验。这是因为试验的目的是比在正常现场条件下更快地提供预计结果。此外，加速试验使用的部分应力通常会大于正常应力，这样可以更快地产生试验结果。

图 3-3 所示为可靠性试验从传统的现场输入响应的单独模拟发展到 ART/ADT 的过程，还显示了准确的 ART/ADT 发展道路的复杂性。

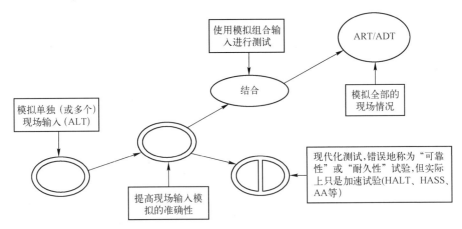

图 3-3　从传统的具有单独（或部分）模拟输入影响的 ALT 到具有全场模拟的
ART/ADT 发展历程（现场全部输入影响+安全因素+人为因素）

图 3-4 所示为当前使用的前 3 种加速试验方法导致预计失败的基本原因。

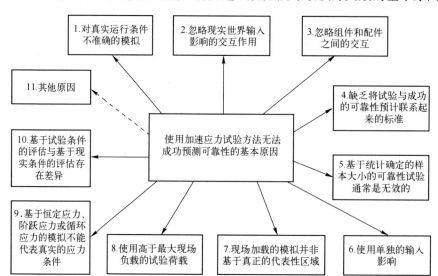

图 3-4　目前使用的加速压力试验方法导致可靠性和耐久性预计失败的原因

图 3-5 表明,现今所做的绝大多数试验是功能试验,其次是传统的 ALT 试验和组合试验(从 20 世纪 50 年代开始开发和使用)。ART/ADT 是目前使用的最少的试验。

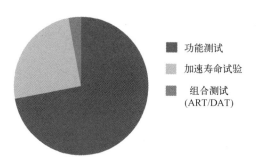

图 3-5　不同试验所占的比率

此外,高加速寿命试验(HALT)和高加速应力筛选试验(HASS)常常被称为可靠性加速试验(ART)或可靠性试验是不恰当的。《高加速寿命试验和高加速应力筛选》(*Accelerated Reliability Engineering:HALT and HASS*)一书的作者葛瑞格·霍布斯(Gregg Hobbs)[1]仔细阅读了本书,表明这些类型的试验是一种强度试验方法,使用的应力比实际现场环境中遇到的应力要高。

在《高加速寿命试验和高加速应力筛选》一书中,葛瑞格·霍布斯从未提到可靠性试验,但还是有些人错误地将他的方法解释为可靠性试验(ART 或 ADT)。从图 3-6 可以了解试验领域发展缓慢的基本原因。数据表明,过去 50~60 年大部分技术的进步与思想、研究的进步有关。

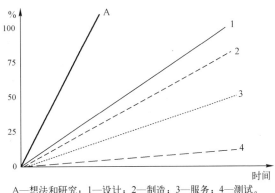

A—想法和研究;1—设计;2—制造;3—服务;4—测试。

图 3-6　不同活动领域的技术水平进展(在过去 50~60 年间)

技术进步的较低水平与设计的发展有关,其次是制造和服务。技术进步的最低水平与测试领域有关(图 3-6 中曲线 4)。然而,这却不能适应实际应用的需要。随着新产品的引入,其技术进步和复杂性都达到了更高的水平,如果要有效预计可靠性,面对新产品增加的复杂性需要相应的更高水平试验技术。

但图 3-6 清楚地表明,在测试中技术进步的增长速度(曲线 4)远远低于思想、研究和设计开发方面的技术进步速度。这也是产品召回、产品故障和产品责任诉讼增加的一个原因。

通常,组织中的高层管理人员不愿意投资测试开发所需的资金和其他资源。测试被视为一个需要控制的成本中心,而不是一种通过避免损失、降低风险和负债来实现利润回报的投资。管理者常常将新的创新产品设计视为获得投资回报的途径。然而,因为产品召回、投诉、重新设计或生产变更等成本高于设计和制造团队的预期成本,许多公司损失了大量资金。列夫·M. 克利亚提斯以前的出版物中提供了相关的例子。

图 3-6 还有助于理解为什么目前使用的 4 种加速应力试验基本方法中有 3 种经常导致不准确的预计(图 3-2 中的 1、2 和 3)。

当用于可靠性计算的初始信息不充分时,计算的结果可能不准确。例如,从 50 年前直到现在,许多公司一直使用单轴振动试验。与此相关的一个因素是振动试验设备的发展也取决于电子技术发展的速度,电子技术在试验设备的控制系统中被大量使用。其次,50 年前所谓的振动试验现在经常被错误地称为可靠性试验,这可以在《加速可靠性和耐久性试验技术》中阅读到[2]。而加速腐蚀试验也存在类似情况。直到最近,才评估了单一化学品的化学污染,而在现实世界中同时存在许多化学物质和现场条件。图 3-7 所示为实际现场输入对故障影响的相互作用,更多的细节可在其他文献中找到[2-3]。

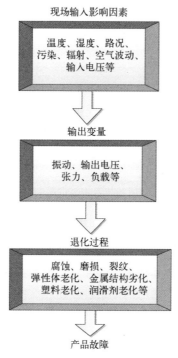

图 3-7　现场输入影响导致产品故障的路径示意图

3.2　精确模拟中的现场影响因素分析

为了更好地理解图 3-7 中描述的路径,必须记住以下内容:

(1) 所有类型的实验室和试验场试验都应该复制真实世界的环境,但是:

① 这种试验通常不能准确反映真实的现场条件;

② 加速试验模拟出比真实世界更快或更高的应力水平,同样不同于真实世界的实际条件。

(2) 存在不同的模拟级别。更高水平(更准确)的模拟会产生更好的试验结果,并将产生更有效的预计。

(3) 阶跃应力试验并不是一种精确的模拟,因为它通常不能模拟现场的实际情况。因此,基于阶跃应力试验预计的可靠性可能与现实世界中的可靠性有很大的不同。

因此,产品在现场使用将导致以下问题:

(1) 在设计和制造过程中,试验后的故障数量比预期的要多。

(2) 可能造成更多的产品召回、投诉和其他问题。

下面介绍另一个例子,需要考虑振动和腐蚀试验常用的模拟因素。如图 3-8 所示,虽然现场的振动伴随着许多输入影响,但通常实验室的振动试验只考虑其中一种影响——工作地形的表面轮廓。但是,故障的产生可能是实际条件中存在的其他输入的结果,而这些其他因素的影响则导致实验室结果与现场结果不同,最后的预计结果是无效的。这就是需要模拟所有相关影响因素才能准确模拟移动试验对象现场振动效应的原因。

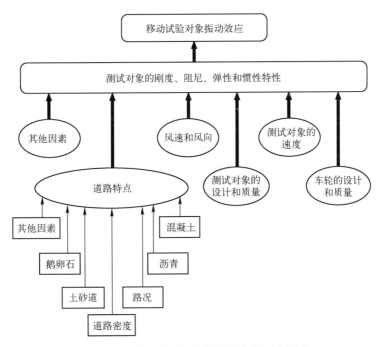

图 3-8　移动试验对象的振动效应的影响因素

接下来以同样的方式讨论加速腐蚀试验。现场腐蚀取决于两组相互关联的影响因素(图 3-9),即多环境影响因素和机械影响因素。多环境影响因素包括化学污染、机械污染、水分、温度等。机械影响因素包括变形、振动磨损、摩擦等。因此,为了在实验室中精确模拟加速腐蚀过程,需要模拟复杂的输入影响。相反,如果只模拟化学污染的影响,预计结果可能会不太准确。

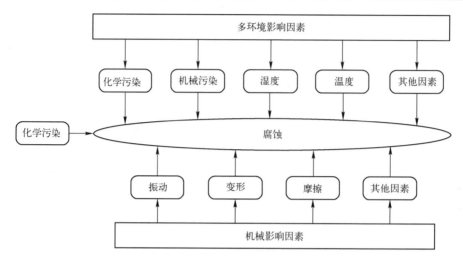

图 3-9 由于多种环境和机械影响及其相互作用而导致的现场腐蚀的主要方案

图 3-10 所示为相互作用的现场输入对移动产品的全阵列影响,图 3-11 所示为精确模拟温度效应需要考虑的影响因素。

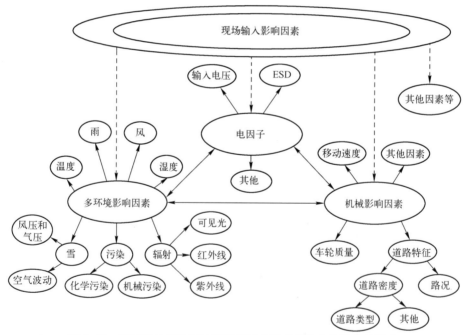

图 3-10 根据产品所经历的实际现场条件考虑的各种输入的影响

此外,大多数产品通常由一系列相互关联的组件组成,这些组件在现实世界中彼此交互。因此,为了进行准确的模拟,还必须考虑这些组件之间的相互作用,包括每个输入影响的所有方面和全部操作范围,参见图 3-11 中描述的温度模拟示例。相关的细节可以在其他出版物中找到[2]。

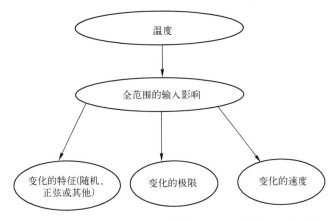

图 3-11　输入因素对试验对象的影响(以温度研究方案为例)

如图 3-12 所示,为了实现真实世界的精确模拟,不仅需要考虑单元或产品的相互作用,还需要考虑单元、产品与构成完整功能的其他元素的相互作用。例如,如果公司正在为汽车工业设计和制造变速器,则首先需要考虑到变速器不能单独工作,其次要考虑到产品的振动影响以及与整车其他部件的相互作用。然而,许多公司总是忽略了这一点。

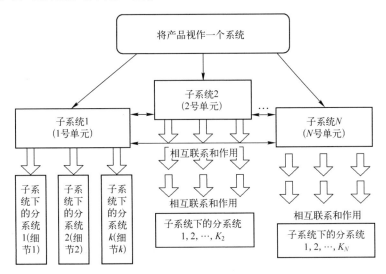

图 3-12　试验对象:产品及其组件的完整层次结构

这就是为什么应力试验(或其他类型的 ALT)的可靠性与现场可靠性不同的基本原因之一。在使用 ALT 时还有许多其他的问题没有在这里讨论(在文献[2]中进行了描述)。这就是我们认为 ART/ADT 是提高可靠性预计的更好方法的原因。

3.3 加速可靠性和耐久性试验技术的基本概念

ART 和 ADT 在《加速可靠性和耐久性试验技术》[2] 一书中进行了详细描述,因此此处仅介绍此类试验的基本概念。

ART/ADT 由两个基本部分组成(图 3-13)。第一个部分是实验室加速试验,如图 3-14 所示,包括多环境试验、机械试验、电气(电子)试验、确保产品安全的试验(如碰撞试验)等相互关联的试验组。这些试验必须同时进行,就像产品在现实条件下运行一样。ART/ADT 的第二个要素是定期现场试验,如图 3-15 所示。

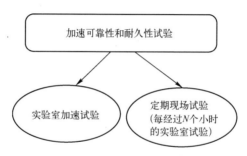

图 3-13　ART/ADT 的两种基本要素

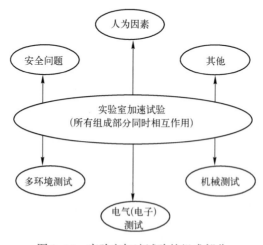

图 3-14　实验室加速试验的组成部分

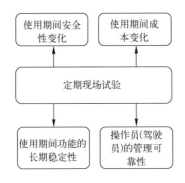

图 3-15　定期现场试验

因此，ART/ADT 包含以下内容：

（1）真实世界相互条件的精确物理模拟的开发策略。

（2）实际产品随机输入影响物理模拟的控制原理。

（3）产品具体的可靠性加速试验所需的设备研发。

（4）模拟过程、输出变量和退化过程的控制机制。

（5）由经过培训并且合格人员管理和执行产品的 ART/ADT。

可靠性并不是一个独立性能要素，它与所有的其他性能要素相互作用，如耐久性、可维护性、保障性、全寿命周期成本、安全、利润、召回等。这部分内容在《有效的加速试验》（*Successful Accelerated Testing*）一书中进行了详细描述[4]。此外，为了准确模拟现场条件，需要考虑人为因素，如操作者和管理人员实际使用产品的方式不一定完全与操作手册相同，这些人为因素也会影响产品的可靠性，如图 3-16 所示。

上述问题的其他研究方向已经在其他书籍中进行了介绍[2-5]，以下将介绍概念中的一些基本要素。图 3-17 和图 3-18 所示为对现场条件进行精确物理模拟所需的具体方面。值得注意的是，这种模拟以及 ART/ADT 正在不断发展。这些模拟和试验的基本趋势如图 3-17 所示，图中展示了对现场条件进行准确的物理模拟的基本步骤，这也是有效预计可靠性的第一个基本步骤。如果没有对条件的清晰理解，就不可能实现准确的可靠性预计。

一旦完成精确物理模拟的第一步，第二步就是进行 ART/ADT。但是，为了做到这一点，还需要了解如图 3-17 所示的开发过程中趋势。开发过程必须与工程文化（包括组织）的开发紧密相连。图 3-18 描述了为实现这一目标，许多组织必须克服的一些文化问题。在《产品性能的有效预计》（*Successful Prediction of Product Performance*）[5]一书中对这些问题进行了更详细的讨论。

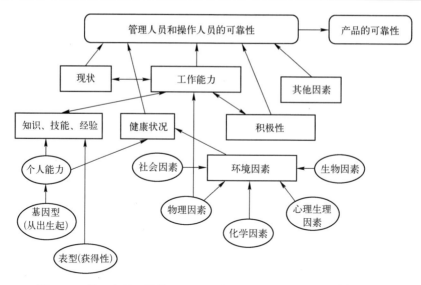

图 3-16 管理人员和操作人员的可靠性对产品/技术可靠性[2]的影响

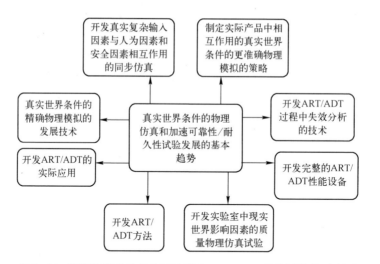

图 3-17 现实世界条件的物理仿真和 ART/ADT 的发展趋势示意图

然而,在过去的仿真过程中,试验和设计方面的专业人员没有提供准确的现场性能模拟。因此,管理层不同意提供必要的支持和资源来改进试验。ART 提供的较好结果可以帮助管理层改变这种看法。

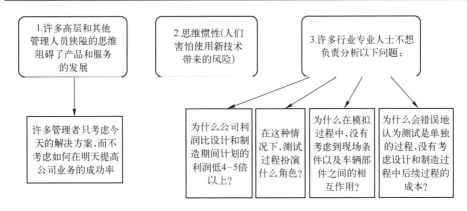

图 3-18　工程文化低下的原因

3.4　加速可靠性和耐久性试验中输入影响因素独立模拟无效的原因

正是多年来在可靠性和耐久性试验方面的实践经验,包括现场试验、实验室试验和它们的效用,帮助作者了解到实验室中真实环境的模拟对有效可靠性预计的重要性。为实现有效的可靠性预计关键是需要准确地模拟真实世界的环境。这一经验清楚地表明了现实世界条件是如何相互作用的,也表明了考虑这些相互作用来准确模拟现场情况的重要性。例如,温度和湿度并不独立于污染、辐射和其他环境因素,电气、机械和其他相互影响因素也存在类似的相互依赖关系。从现场试验经验和有关现场条件的研究文献,可以理解并辨别哪些交互因素是有意义的,哪些是没有意义的。

根据 SAE 世界大会、可靠性和可维护性研讨会、ASQ 世界会议、IEEE 可靠性研讨会、ASAE 年度国际会议以及其他会议和出版物[6-18]的经验,可以看出,许多论文的作者往往没有仔细分析现场条件。需要了解这些条件才能在实验室中准确地进行模拟,才能准确获得试验对象在产品服务周期、其他特定时间或使用过程等现实条件下的可靠性、质量和耐久性信息。(另请参阅 MTS(https://www.mts.com/en/index.htm)、K.H. Steuernagel(http://www.aikondocdesign.com/KHS/khspg2.htm)和 Arizona Equipment(http://www.awsequipment.com)。)真实状况对试验对象的输入影响如图 3-19 所示。从图中可以看出,这些因素相互作用,而这些交互特性影响产品的可靠性、耐久性、安全性和其他性能指标。

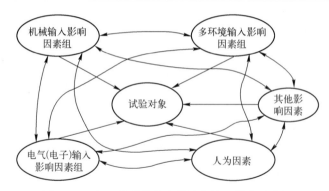

图 3-19　相互关联的真实世界的输入影响因素组

　　这些相互作用涉及所有领域,如工业(汽车、飞机、航空航天、电子等)、医疗、社会等,值得注意的是,对于不同的产品,这些输入影响因素有不同的分类和严重性。

　　图 3-20 所示为输入影响因素的多环境类别。为了使加速试验成为试验的基础,它需要准确模拟图 3-20 和图 3-21 所示的真实世界的特定输入影响。最重要的是在现实世界中,输入影响从来不会单独作用,并且在现场产品退化过程中也存在类似情况。

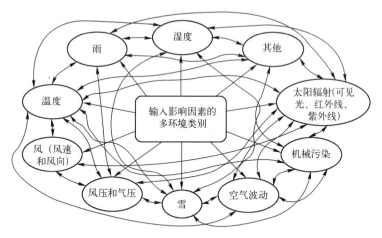

图 3-20　输入影响因素的多环境类别

　　《加速可靠性和耐久性试验技术》[2]一书对其他输入影响因素类别进行了更详细的介绍。通常,人们对可靠性试验与其他类型试验(如组合试验、阶跃应力试验、振动试验、腐蚀试验等)之间的差异存在误解[16-18]。这种误解往往导致实验室试验结果与产品现场性能之间存在显著差异。

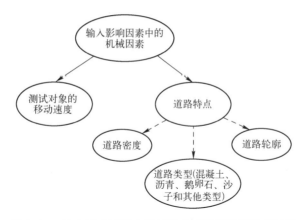

图 3-21　输入影响因素中机械影响因素的要素组成示例

　　但基本问题仍然是现场输入影响因素的单独模拟效果不佳,下面我们会对这一问题进行详细的讨论。

　　例如,温度、湿度与污染、辐射和其他环境因素不能割裂开来,这是可以理解的。电气、机械和其他影响因素间也存在类似的情况。另一个例子,腐蚀过程是许多因素影响的结果——化学因素、机械因素等,这也是可以理解的。这些可从经验和文献中清楚了解到。现场试验经验能够帮助研究者更好地了解关于现场条件及其影响的文献哪些是可靠的、哪些是不可靠的。

　　解决这个问题的一个重要方面是正确理解这门科学学科中使用的术语和定义。

　　对于实现有效的模拟,完成可信的可靠性和耐久性试验,并最终获得真实客观有效可靠性预计,正确理解这些术语和定义是非常重要的。为实现这一目标,应一致使用参考书《加速可靠性和耐久性试验技术》[2]和《产品性能的有效预计》[5]中包含的术语和定义,以及本书第 4 章中展示的标准化定义。

　　根据经验,在进行加速试验之前,应该了解以下内容:

　　(1) 在世界范围内,专业人员正在不同的行业领域进行加速试验,但现在的主要问题仍然是在试验过程中没有精确地模拟实际现场条件,这个问题在本书编辑时仍然存在。

　　(2) 为了使模拟过程有效,需要明白要模拟的哪些条件以及如何精确地模拟复杂的实际现场条件。对于需要模拟哪种现场条件,以及如何评估模拟的准确性等问题,需要给出明确的答案。

　　(3) 根据现场试验的工程师的经验可知,在试验的书面报告中包含对影响产品的现场条件的分析是十分重要的,并且这些报告可以为设计人员提供有效的信息。通常会发现,同事和其他试验工程师的报告中没有包含这些信息。

（4）作者在撰写博士论文的过程中,对收集技术的改进进行了试验性研究,包括不同现场条件对产品的影响如何变化、它们之间如何相互作用,以及这些相互作用如何影响研究结果。这些知识来自对实际现场条件的仔细分析。然而许多从事产品研究、设计、试验和制造的人在现场试验和研究方面没有足够的经验,他们通常只有实验室研究和试验的经验。

（5）与此类似,参与设计阶段的人员过去并不充分了解（现在通常也不了解）实际的现场条件以及它们是如何影响产品质量、可靠性、耐久性,如何与其他性能要素相互作用。在整个设计、试验和制造过程中,这些专业人员在现场调研的时间仍然太少。因此,他们不明白这种真实的体验对开发成功的产品有多么重要。图 3-19 和图 3-20 展示了各种现场影响因素的相互作用。

（6）一般情况下,会有几组输入影响因素同时作用于试验对象。图 3-19 作为示例,展示了作用于试验对象的现实条件的输入影响。产品的可靠性、耐久性、安全性和其他性能要素受预计有效程度影响,而预计有效程度取决于此类交互特性。

（7）上述概念可应用于所有领域的所有产品:汽车、飞机、航空航天、电子等。

（8）虽然总体概念是一样的,但不同产品的细节通常与不同的输入影响因素类别相关。例如,图 3-20 展示了输入影响的多环境因素类别的内容。

（9）为了使加速试验能够作为试验的基础,它必须准确地模拟真实的输入影响,如图 3-20 和图 3-21 所示。

（10）在现实世界中,输入影响因素永远不会单独发生作用。在实地作业中,产品降解过程也存在类似的情况。例如,现场腐蚀过程往往是几种不同类型的现场输入影响相互作用的结果。

图 3-9 说明了现场输入影响的多环境因素类别和机械因素类别相互作用所导致的腐蚀。在这个例子中,多环境因素类别由化学污染、机械污染、温度、湿度等因素相互作用组成。机械因素类别由振动、变形、摩擦等因素组成。只有准确模拟这些现场条件,才能在实验室中准确模拟现场腐蚀过程。

但市场上的许多腐蚀试验室只能模拟化学污染。这是一个对现场环境不准确模拟的例子,源于同样的基本原因——没有准确地了解真实环境,就不知道需要在实验室里模拟什么。这也导致了 ART/ADT 的不准确,进而对产品质量、可靠性、耐久性和其他性能指标产生负面影响,从而导致新产品或技术的经济损失、产品召回和其他负面影响。

实现真实世界环境精确模拟的另一个要素是需要明白,现实世界中试验对象(发动机、变速箱等)并不是一个离散的、独立的单元,而是与整体产品或整体机器中的其他部件一起工作的组件,如图3-12所示。这些输入影响因素与完整机器相互作用,但是试验通常只对部件或组件展开。

然而,许多为整机设计和制造零部件的供应商只对他们的零部件进行试验。例如,一个变速器制造商可能试验变速器的振动,但是由于不知道现实世界中发动机和传动轴的影响,他们不可能实现精确的模拟来预计产品可靠性,而这对移动机械的精确物理模拟是十分重要的。

实施这项工作需要一组对这些附加组件的交互有深入了解的工程师和工作人员,或者需要一个团队来试验产品及其附件。

在作者的早期职业生涯中,他的职业是一名工程师,无法实现这些想法。后来,当作者获得管理职位时,他能够应用这些理念并改进整个单元的可靠性预计。他坚信,太多参与实验室试验的专业人员不了解实验室试验准确模拟多个现场影响因素相互作用的必要性。

美国、日本、欧洲和许多其他国家正在进行可靠性试验,试验结果来自单独的振动试验和单独的腐蚀试验,而这些试验使用的实验室只具备了一个影响因素。这种问题在气候试验(模拟温度+湿度)和许多其他类型的试验中也普遍存在。造成这种情况的基本原因有以下两种:

(1) 大多数人认为试验和实验研究过程更便宜、更简单。虽然这可能将试验和开发成本降到最低,但不能解释由于不精确试验而造成的未来损失。而这些可避免的损失很难或不可能进行预计和量化,而且正如前文所述,测试单元通常不被视为导致这些损失的原因。

(2) 因为没有考虑到现实世界中存在的影响因素及其相互作用,所以相关人员永远不知道被测产品在现实世界中的实际效果。此外,测试组通常不会收到关于试验产品问题或性能的有效反馈。

因此,产品在实验室(试验期间)的老化与在现场使用时的实际老化是不同的,而最终往往会造成投诉、产品召回、预期利润损失、客户不满、诉讼以及其他经济和技术问题。

这些问题的产生是管理层狭隘思维的典型结果。这些试验系统(ART/ADT技术)能够发现导致可靠性和耐久性低下的原因,从而避免或大大降低修复问题的成本。以下的示例可做参考。通过在实验室中精确模拟基本现场影响因素,可以研究并明确通常的退化过程。而且由于试验可以使用高速投影机器,使得产品以比正常情况更快的速度退化,使研究和预计退化过程以及改进产品能力成为可能。这些过程不能在现场进行,因为机器经常在多尘的环境下工作,存在大量的机械污染。在实验室中可以使用许多不能在现场使用的仪器来研究退化过程。但是,只有在实验室中对现场条件进行准确的模拟,才能取得良好的效果。许多公司没有这样做,或者无法做到这一点。

第4章详细介绍了一些成功实现可靠性试验和预计的实例。最后,在本章中我们简单地讨论了 ART 的成本与收益。为此,我们将同时组合不同类型的输入影响因素,并将其与单独模拟输入影响因素的单个试验进行比较。进行单次试验(如单独振动试验、腐蚀试验、温湿度试验、尘室试验、输入电压加振动试验等)的设备、方法和工作人员时间等成本可能比使用上述所有类型影响因素组合进行可靠性试验的成本要低。

如果只考虑这两种方法的直接成本,上述是正确的。但是我们知道试验的质量会影响许多其他成本,如与后续流程相关的成本,包括设计、制造、使用、服务等。例如,退货、召回、服务公告和产品修改的原因(和成本)通常与试验的低准确性有关。所以还必须考虑与产品全寿命周期中安全性、质量和可靠性的未来变化相关的所有成本。无法准确地模拟真实世界中相互作用的产品影响因素,将导致退货、产品召回、客户信赖度降低和产品验收费用增加。

从许多公司的咨询经验来看,当一个振动试验工程师被问到他们试验的目标和目的是什么时,通常的答案是"可靠性"。但显然这个答案是错误的,因为产品的可靠性不仅仅取决于振动试验的结果。

以下介绍的是一个电子产品振动试验结果不佳的例子。下面的例子在1999 年的年度可靠性和可维护性研讨会[19]的指南中发布:

在当今的应力试验环境中,有两种主要的方法可以向被测单元(UUT)提供振动能量:电动(ED)振动器和气动或重复冲击(RS)振动器,也称为六自由度(DOF)振动器。

电动振动器需要一个控制器来产生电信号,该电信号被送入驱动线圈的大功率放大器。电动系统非常灵活,因为它们可以很好地控制振动频谱,并且可以提供正弦、正弦扫频、冲击以及随机振动,其主要缺点是无法产生多轴同时振动。一些制造商通过定向将多个振动器正交来解决这一问题。但是这种配置非常昂贵,一般不适用于组合环境试验。

电动(ED)振动的常用替代方案称为六自由度(DOF)或重复冲击振动。在该应用中,多个气动锤安装在振动台底部,安装的方向是 x、y 和 z 轴传输能量的方向,并且围绕每个轴传递能量(因此称为六自由度)。与同等价格的电动系统相比,重复冲击系统可以达到更高的 g 值,并且可以处理更多的产品,其主要缺点是产生的振动频谱的频率分布不易控制。电源应能够在被测产品的指定电压输入范围内供电。

上述内容是最近的时间发生的,也是一个说明模拟质量低是可靠性有效预计的障碍的例子。类似的情况涉及在 SAE 世界大会、质量大会和其他会议上的陈述。

但振动试验只是机械试验(影响因素)的一个要素。在现实世界中,各种机械影响与多环境影响、电气和电子影响等因素共同作用。产品的可靠性无论是通过退化过程、故障间隔时间还是失效成本等来衡量,都是所有现场输入影响因素作用的最终结果,并与人为因素相结合。如果不考虑这些影响,就无法有效地预计产品的可靠性。

由于预计不准确,在使用过程中会发生意外的事故或故障,并且会增加使用成本,还产生退货成本、改进设计和制造过程的成本以及其他如客户流失、召回和诉讼等成本,造成产生重大的、意外的组织损失。《产品性能的有效预计》一书详细介绍了 30 多年来,汽车行业召回事件增加的原因和过程,以及召回导致的数十亿美元的损失。

当考虑这些成本时,对于组织来说,准确的加速可靠性(或耐久性)试验比只模拟单独影响因素的单一试验的成本更低,这个问题更详细的介绍及相关实例可以在《加速可靠性和耐久性试验技术》一书中找到[2]。综上所述,由于后续问题的成本,虽然试验成本可能会更高,但是模拟离散输入影响的单一试验要比 ART/ADT 同时组合试验更昂贵。

如图 3-3 所示,从传统的 ALT 向 ART/ADT 的过渡是困难的,ALT 不能提供有效的可靠性预计所需的信息,而 ART/ADT 提供了这种可能性。这个过渡阶段需要定性(交互的准确性)和定量(增加现场输入的数量)模拟,详见文献[20-24]。

参 考 文 献

[1] Hobbs GK. (2000). Accelerated Reliability Engineering: HALT and HASS. John Wiley & Sons.

[2] Klyatis LM. (2002). Accelerated Reliability and Durability Testing Technology. John Wiley & Sons, Inc., Hoboken, NJ.

[3] Klyatis L, Klyatis E. (2006). Accelerated Quality and Reliability Solutions. Elsevier.

[4] Klyatis L, Klyatis E. (2002). Successful Accelerated Testing. Mir Collection, New York.

[5] Klyatis L. (2016). Successful Prediction of Product Performance. Quality, Reliability, Durability, Safety, Maintainability, Life Cycle Cost, Profit, and Other Components. SAE International. Warrendale, PA.

[6] SAE 2005-2016 World Congress & Exhibition. Event Guides.

[7] SAE 2012-2016 AeroTech Congress & Exhibition. Event Guides.

[8] ASQ 2006-2016 World Conferences on Quality and Improvement. Program.

［9］ ASQgram. m. ‑2004 Annual Quality Congresses. On‑Site Programs & Proceedings.

［10］ ASAE(The International Society for Engineering in Agricultural, Food, and Technological Systems)1995‑1997. Final Program.

［11］ SAE 2003‑2005 World Aviation Congress & Expositions. Final Program.

［12］ ASABE(American Society of Agricultural and Biological Engineers). Annual International Meeting. 2007 Program.

［13］ Agricultural Equipment Technology Conference(1999). Program.

［14］ ASAE(The International Society for Engineering in Agricultural, Food, and Technological Systems)1994 Winter & Summer Meetings. Final Programs.

［15］ Annual Reliability and Maintainability Symposiums. The International Symposium of Product Quality & Integrity. Proceedings, 1997‑2002, 2012.

［16］ Kyle JT, Harrison HP. (1960). The use of the accelerometer insimulating field conditions for accelerated testing of farm machinery. In Winter Meeting, ASAE, Memphis, TN. ASAE Paper No. 60‑631.

［17］ Briskham P, Smith G. (2000). Cycle stress durability testing of lap shear joints exposed to hot‑wet conditions. International Journal of Adhesion and Adhesives 20: 33‑38.

［18］ Chan AH(ed.). (2001). Accelerated Stress Testing Handbook. Guide for Achieving Quality Products. Wiley‑IEEE Press.

［19］ Chen AH, Parker PT. (1999). Tutorial notes. Product reliability through stress testing. In Annual Reliability and Maintainability Symposium, January 18‑21, Washington, DC.

［20］ Klyatis L. (2014). The role of accurate simulation of real world conditions and ART/ADT technology for accurate efficiency predicting of the product/ process. In SAE 2014 World Congress and Exhibition, Detroit, paper 2014‑01‑0746.

［21］ Klyatis LM. (2011). Why current types of accelerated stress testing cannot help to accurately predict reliability and durability? In SAE 2011 World Congress and Exhibition, paper 2011‑01‑0800. Also in book Reliability and Robust Design in Automotive Engineering(in the book SP‑2306). Detroit, MI, April 12‑14, 2011.

［22］ Klyatis L, Vaysman A. (2007/2008). Accurate simulation of human factors and reliability, maintainability, and supportability solutions. The Journal of Reliability, Maintainability, Supportability in Systems Engineering (Winter).

［23］ Klyatis L. (2006). A new approach to physical simulation and accelerated reliability testing in avionics. In Development Forum. Aerospace Testing Expo2006 North America, Anaheim, CA, November 14‑16.

［24］ Klyatis LM. (1998). Physical simulation of input processes for accelerated reliability testing. In The Twelfth International Conference of the Israel Society for Quality (proceedings on the CD‑ROM. File://F//Images/Dec982S. htm, pp. 1‑12), Jerusalem, December 1‑3, abstracts, p. 29.

习　题

3.1　描述试验的两个基本方面。

3.2　试述本章介绍了几种加速试验的基本方法？并简要描述其基本内容。

3.3　为什么本书只考虑加速试验的第 4 种方法？

3.4　通过模拟对 ART/ADT 的单独或多个输入影响，给出传统试验的实际路径方案。

3.5　为什么 HALT 或 HASS 被错误地称为可靠性试验？

3.6　画出技术水平进展图，并比较思想和研究、设计、制造、服务与测试对应的技术发展速度。

3.7　为什么测试的技术进步速度低于其他领域？

3.8　画出传统加速试验(ALT)与 ART/ADT 的区别图。

3.9　列出在现实世界中影响振动效应的因素。

3.10　实验室振动试验应包括哪些因素？为什么只考虑一种因素会导致试验结果不准确？

3.11　列出影响现场腐蚀过程的因素。

3.12　列出现场对移动机械的输入影响。

3.13　如何将一辆完整车辆的其他部件相互连接，并简述这些部件的相互作用必须在现场模拟中加以考虑的原因。

3.14　ART/ADT 的基本要素是什么？

3.15　ART/ADT 的基本要素中包含哪些内容？

3.16　为什么定期现场试验是 ART/ADT 的必要组成部分？

3.17　为什么产品可靠性需要考虑管理人员和操作人员可靠性等因素？

3.18　列出在现实世界条件下物理仿真发展的基本趋势。

3.19　为什么作者认为缺乏工程文化是一些组织机构不愿意改进试验的一个重要因素？

3.20　为什么现场影响因素的单独模拟在 ART/ADT 中无效？

3.21　列出一些在现场作用于移动产品的基本输入影响因素类别。

3.22　列出构成现场输入影响的多环境因素类别的一些相互作用的因素。

3.23　列出构成现场输入影响的机械因素类别的一些相互作用的因素。

3.24　列出构成现场输入影响的电子组的一些相互作用的因素。

3.25　列出构成现场输入影响的电气组的一些相互作用的因素。

3.26　在考虑试验成本时经常忽略哪些成本？

第4章 可靠性试验与预计的实施

列夫·M.克利亚提斯

虽然实施可靠性试验和预计存在许多不同的方式,但成功实施的主要因素与参与实施的学生和专业人员有关,他们需要学习实施可靠性试验和预计所需的新方法、技术、战略和设备。如果所有参与产品研究、设计、制造、服务和使用的人员没有接受有关可靠性预计和 ART/ADT 知识的培训,那么就不可能成功实施可靠性试验和预计。

学习可靠性试验和预计相关的新思想、新策略、新方法和新技术所必需的基本知识,可通过以下途径完成:

(1)审查现有文献中详述新方法和新技术的出版物,包括各种书籍、文章、论文、讲座、已发表的专题介绍、学位论文、报告、议定书等。同时还要接受以上文献中提出的概念并加以理解和应用。

(2)从最新的文献中学习新的方法和技术,包括作者的讲座、教程和演示文稿等。

(3)在其他作者的出版物中使用这些文献作为参考资料。

(4)在书籍、文章、论文和项目计划中引用可以提供高水平的新思想、新方法和新技术的基本思想和研究成果。

(5)将这些方法和技术的相关知识纳入国际、国家和行业标准中。

(6)通过提供演示文稿、讲座和教程来获得高层管理人员的支持,这些材料详细介绍了实施可靠性试验和预计的新方法、新技术(包括对组织机构和客户/用户的好处)以及相关引文,并附有作者的姓名。

(7)培训现有的团队或组建新的团队、部门或公司,开发新的组织结构。这些组织结构将负责开发和实施新的理念和技术。

(8)在实践中实施新方法和新技术,并记录结果,展示通过实施新思想和新技术所取得的成果。

(9)记录和传播使用新思想、新方法和新技术给组织机构带来的经济收益。

本章将详细介绍实施可靠性试验与预计的示例和第 2 章、第 3 章中描述的新思想和新技术,以及其他相关的出版物和实践经验。

有效的可靠性预计和试验的实施方法在世界上许多国家、科学和工业中得到应用。虽然作者的书籍中介绍了许多想法、方法和设备,但是不可能描述所有有效的应用方法,尤其是那些用其他语言描述的应用方法。因此,本章给出的实现方法主要是作者在实践中发现的方法。

4.1　直接实施:经济结果

列夫·M. 克利亚提斯的想法最早是在 1962 年至 1965 年期间在俄罗斯(加里宁国家技术中心和 Bezeckselmash 公司)实施的。后来,在乌克兰(图 4-1 和图 4-2)、俄罗斯泽列诺格勒电子中心(图 4-3)、以色列(图 4-4 和图 4-5)和白俄罗斯(图 4-6)实施了一些其他的想法和方法,并在实施过程中使用了新的试验设备,随后这些可靠性试验和预计方法也在其他国家得到了应用。

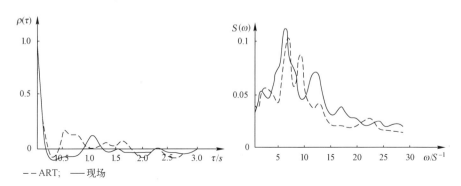

图 4-1　ART 和现场试验期间汽车拖车的车架张力数据的归一化
相关函数 $\rho(\tau)$ 和功率谱函数 $S(\omega)$(传感器试验结果)

本书中介绍的 ART/ADT 和可靠性预计的方法已被许多工业公司采用。从图 4-4 和图 4-5(以及表 4-1 和表 4-2)中的示例可以看出,上述这些方法具有一定的经济效益。

许多公司和他们的供应商在设计、试验、生产和营销领域的专业人员在没有充分互动的情况下独立工作。在工作过程中,他们使用不同的需求(标准)并履行不一样的职责。这样的工作模式导致新方法的实施变得越来越困难,克服这些问题成为了许多企业的首要任务。

图 4-2　国有企业泰斯莫什主席、莫斯科农业工程大学教授列夫·M.
克利亚提斯博士在试验中心实施了他的农业机械
ART 发展理念(1990 年)

图 4-3　作为 ART/ADT 的组成部分的六轴振动试验设备
(俄罗斯的泰斯莫什,1991 年在俄罗斯泽
列诺格勒电子中心使用)

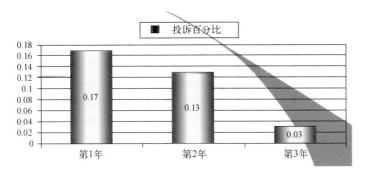

图 4-4　实施新的 ART 和可靠性预计方法后 3 年
内发动机投诉的变化[1]

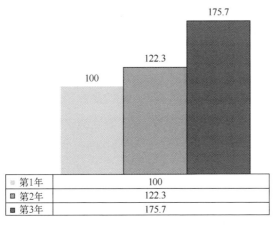

第1年	100
第2年	122.3
第3年	175.7

图 4-5　新方法实施后 3 年内仪器销量的变化
（详见第 2 章和第 3 章[1]）

图 4-6　亚克海亚·阿卜杜加利莫夫（Yakhya Abdulgalimov）博士（泰斯莫什）
在工业公司塞尔马什（Selmash）（博布鲁伊斯克，白俄罗斯）实施 ART/ADT 的过程

87

表 4-1　投诉原因比较[1]

原　因	投诉率/%		
	第 1 年	第 2 年	第 3 年
设计问题	58	43	36
偏离指示程序	23	31	34
未按图纸执行	10	10	8
未按规范使用	4	10	15
其他	5	6	7
合计/%	100	100	100

表 4-2　某公司提出的工具[1]使用方法的实际经济结果示例

年　份	销售额/10^6 美元	投　诉　数	拒绝率/%
2003	134.3	151	3.2
2004	156.2	144	3.0
2005	196.4	127	2.4
2006	214	114	2.0

实施这些方法需要一个具有以下特性的特殊跨学科团队：

（1）跨学科团队需要一位优秀的管理者，他必须了解不同的专业知识以及它们之间的联系，如物理和计算机仿真、安全、人为因素等。

（2）优秀的可靠性和预计经理。具有主动性、良好的理解力和技术能力，并负责实施可靠性试验和预计。必要时，该经理必须选出部分团队专业人员组成一个跨学科的工程应急团队。在研发高层的支持下，这个团队将成功完成相关的可靠性任务。

（3）团队成员必须具备良好的沟通能力、理解能力、相互合作的能力以及协调和适当利用团队成员的各种职业和能力水平的能力。

（4）团队成员要有热情、积极地相互合作，团队的管理者能够随着时间的推移保持他们合作的意愿。

（5）团队成员必须包含在金属和新复合材料领域具有足够知识的人员，以及要高度理解标准化作为可靠性和预计的必要元素的重要性。

这些实施可靠性试验与预计的方法在 3 年内提升了公司的盈利能力，并大大提高了产品的质量和可靠性。事实上，已经实施这些方法和流程的一家公司于 2006 年被以色列的亿万富翁沃伦·巴菲特收购。

这种新的预计技术已经被许多公司所采用,包括那些生产发动机、工具、卡车和其他复杂产品的公司。由于执行了这些实施方法,不仅产品的销量增加,公司在市场上的声誉也得到了改善(图 4-4、图 4-5 和图 4-7;表 4-1 和表 4-2)。

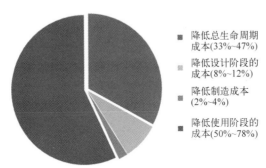

　　■ 降低总生命周期
　　　成本(33%~47%)

　　■ 降低设计阶段的
　　　成本(8%~12%)

　　■ 降低制造成本
　　　(2%~4%)

　　■ 降低使用阶段的
　　　成本(50%~78%)

图 4-7　有效预计产品可靠性的结果

这些数字也显示了在设计完成之前确定潜在投诉的根本原因的重要性。通过在设计过程中正确地实施提升产品可靠性的方案,在设计阶段的早期和开始全面制造之前产品的问题可以及时得到更改。

改善产品最终性能的措施包括提高原材料的质量和特性、改进部件设计以提高可靠性、提高产品对客户的实用性,以及改善其他针对每个制造商的特定因素,具体取决于最终产品的类型。

在不同的公司实施了第 2 章和第 3 章中所述的 ART/ADT 技术的方法,实施的结果如下:

(1) 设计阶段成本降低 10%~15%。

(2) 制造阶段成本降低 0~2%。

(3) 售后市场使用成本降低 52%~77%。

(4) 全寿命周期成本降低 33%~47%。

通过在下一个产品型号中使用 ART/ADT,也可以最大限度地降低设计和制造成本。在许多情况下,旧型号中使用的生产设备的某些部件可以用于下一代产品。

如果公司没有一步完成 ART/ADT 技术的资源,可以通过对实验室进行现代化改造来逐步完成 ART/ADT。例如,在振动试验中,第一步可以在同一个试验室中添加模拟温度和湿度的设备;下一步可以增加污染模拟设备等,直到完成实验室的现代化为止。

ART/ADT 和可靠性预计的实现能带来很多的好处,下面将介绍一些具体的事例。

4.1.1　具有成本效益的试验对象的开发和改进

通常,当 ART/ADT 结果与现场结果有足够的相关性时,可以快速发现试验对象退化和失效的根本原因。这些原因可以通过分析试验对象在使用期间的退化情况以及通过确定初始退化的位置和退化过程的持续发展情况来确定。这种方法使快速解决由 ART/ADT 确定的退化原因成为可能,并且已经在相关领域进行了应用,还被证明相比于其他方法,这种方法既节省时间又经济有效。

如果试验对象在现场的退化与在 ART 期间的退化之间没有足够的相关性,则退化过程通常不能充分反映现场的情况。如果存在以上的问题,那么从 ART 中得出的结论可能是不准确的。在这些情况下,为了获得更好的预计结果,需要花费成本和时间来细化试验对象和更新试验,而不能试图在没有精确建模的情况下提供加速的产品开发。一些自认为理解了产品失效(退化)原因的设计人员和可靠性工程师会改变设计或制造过程,最后会发现他们的假设是错误的,"改进的措施"在现场会持续失效。接下来他们必须修改相应的工作,寻找退化和失效的其他原因。上述情况经常在改进试验中被发现,特别是当工程师和设计人员急于求成时。然而,这是一个浪费时间和精力的过程,在这个过程中不允许进行正确的改进产品和开发适当的试验对象的可靠性(质量)试验。此外,这个过程只会增加生产真正功能性产品的成本和时间,以及开发和改进的协议。

下面主要介绍采用新的 ART/ADT 方法快速改进和预计产品质量、可靠性和耐久性的实例。

4.1.1.1　实例 1

某工业公司的一台收割机模型在可靠性和耐久性方面存在问题,但是该公司无法通过现场试验来解决这个问题。虽然他们还进行了实验室试验,但对实验室试验中现场影响的物理仿真并不准确。于是该公司的首席设计师请列夫·M.克利亚提斯用他的方法来帮助他们解决这个问题。随后,克利亚提斯博士和他的团队开发了一种特殊的 ART/ADT 方法和试验设备,用来准确预计收割机在使用寿命期间的可靠性。

在使用了克利亚提斯博士的方法的 6 个月内:

（1）两个原始设计的收割机样本进行了相当于 11 年的可靠性评估。

（2）试验了一个单元的 3 种变体和另一单元的 2 种变体。根据等效的使用寿命（8 年）评估结果，得出的信息是相对准确的。

通过对该过程的研究，消除了产品退化带来的影响。

（1）根据试验结果得出的结论和建议，改变了收割机的设计。

（2）结合设计变更的样本进行现场试验。

（3）降低了收割机可靠性开发的成本（3.2 倍）和时间（2.4 倍）。

实际使用中验证的可靠性提高了 2.1 倍。此外，通过这次试验还确认了先前限制了收割机可靠性的基本部件的设计变更。通常，这项工作需要至少两年的时间才能使用现有的试验方法进行准确比较，而使用克利亚提斯博士的方法仅在 6 个月内就完成了上述改进（是原来速度的 4 倍）。

4.1.1.2　实例 2

在另一种型号的机器中，工作压头和驱动它们的特殊皮带的可靠性存在问题。这些皮带的低可靠性限制了整机的可靠性，并且从设计阶段一直到制造阶段，再到产品的现场使用阶段都是一个不能忽视的问题。

为了解决这一问题，设计师增加了皮带的强度，但这个措施最大只提升了皮带 7% 的可靠性，并伴随着皮带成本的翻倍。这家公司（Bezeckselmash）请本书作者帮助解决这个问题，于是作者的团队创建了一种新型的试验设备，以准确模拟现场输入对皮带的影响，该方法与第 3 章中描述的方法相对应。作者的团队对试验对象进行了 ART 试验，经过几个月的试验和对皮带可靠性差的原因的研究，以及对皮带进行的可靠性预计，作者的团队与设计人员一起制定了改进机械设计的建议书。试验结果显示皮带故障是连接单元的问题所导致的，与皮带本身无关。现场试验表明，通过对连接单元进行修改，机器的耐久性增加了 2.2 倍。

而这项工作仅使机器的成本增加了 1%，包括试验设备的成本以及找出导致皮带故障原因所涉及的所有工作的成本。

图 4-8 所示为卡玛兹（Kamaz）公司（俄罗斯）在 1991 年为卡车可靠性试验使用的试验室的设计图，该公司采用了本书作者开发的技术。图 4-8 中所示的实验室可以直接执行作者提出的可靠性预计方法。

因此，从 ART/ADT 的结果中获得准确的初始信息，从而进行可靠性预计的方法是有效的。

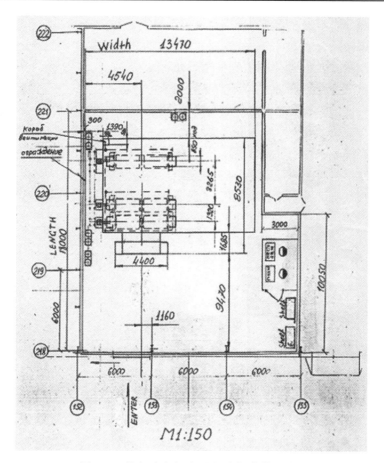

图 4-8　整车试验室平面图(泰斯莫什设计)

(卡玛兹(Kamaz)公司工程中心 3 号楼)

4.2　标准化:实现可靠性试验和预计的重要因素

4.2.1　应用标准 EP-456《农业机械试验与可靠性指南》实施可靠性试验和有效的可靠性预计

采用农业机械标准化的概念之后,科研人员成功地实现了可靠性预计。下面我们将回顾这是如何发生的,本书作者是美国农业工程师协会(ASAE)T-14可靠性委员会的成员,在 1995 年的 ASAE 国际会议的 ASAE T-14 委员会会议上提出了由作者牵头修订 EP-456《农业机械试验和可靠性指南》(*Test and Reli-*

ability Guidelines),如图 4-9 所示。这次会议产生了包括可靠性试验和预计研究结果在内的最新指导方针(图 4-10)。这些指导方针得到了 ASAE T-14 委员会的批准和投票(图 4-11),并得到了 ASAE 的批准。

　　图 4-9~图 4-11 为更新后的 ASAE 标准 EP-456《农业机械试验和可靠性指南》的部分文件,其中包括实施可靠性试验和有效预计的新思想和技术。

January 20, 1995

TO: ASAE T-14 Committee Members

FROM: John H. Posselius, Vice Chair

RE: 1994 Winter Meeting Minutes

Greetings fellow committee members. I have enclosed a copy of the minutes from our winter meeting. If there are any problems recorded in the minutes please advise me at your earliest convenience. I will wait a couple of weeks before I send a copy of the minutes to headquarters for their records.

I have spoken to Russ Hahn (at headquarters) about the rewrite of our EP 456. He will send a copy of EP 456, on disc, to either me or directly to Lev Klyatis, along with procedures for rewriting a standard. I indicated that Lev should be listed as the coordinator of the project and that the rewrite should be listed as active.

I am also in the process of sending a copy of the proposed check list for standards to headquarters with the instructions that our committee is willing to review any new (not rewrite) standards as deemed necessary.

Ford New Holland, Inc.

500 Diller Avenue
P O Box 1895
New Holland PA 17557-0903
Telephone (717) 355-1121

图 4-9　来自 ASAE T-14 委员会的信函;列夫·M. 克利亚提斯应被列为
"重写标准 EP 456 试验和可靠性指南"项目的协调人

8/97

ASAE Engineering Practice: ASAE EP456

TEST AND RELIABILITY GUIDELINES

Developed by the ASAE Testing and Reliability Committee

THIRD DRAFT
PREPARED BY Dr. LEV M. KLYATIS

SECTION 1—PURPOSE AND SCOPE

1.1 This Engineering Practice shows how product life can be specified in probabilistic terms, how life data should be analyzed, and presents the statistical realities of life testing, including a random failure rate rate.

1.2 The main purpose of the Engineering Practice is the evaluation of reliability measures and identification of test procedures that provide the information for this evaluation.

1.3 This Engineering Practice is not intended to be a comprehensive study on the large variety of subjects encompassed in the analysis of life testing, but rather a guide to demonstrate the power, usefulness and methodology of reliability analysis.

SECTION 2—BACKGROUND

2.1 A key characteristic of a product is its life expectancy. In the agricultural equipment industry a great deal of testing is conducted on materials, components and complete machines to determine expected life.

2.2 Product life needs to be specified in probabilistic terms. This mandates that test programs require enough replications to minimize the risk of erroneous test conclusions. The test engineer and designer must establish a test program to balance test time and cost against risk of a product failure, further product improvements, and schedule costs.

2.3 The primary emphasis is on the problem of quantifying reliability in product design and testing.

2.4 The only way to measure system reliability is to test a completed product with a combination of influences of components, under conditions that simulate real life, until failure and degradation occurs. One simply cannot assess reliability without data, and the more data available, the more confidence one will have in the estimated reliability level. Extensive testing is often considered undesirable, because it results in expenditures of time and money. Thus, must consider the trade-off between the value of more confidence in estimated reliability versus the cost of more testing. It is easy to arrive at a test program's cost; the cost of not having the test program is difficult to calculate.

2.5 Before the reliability of a test subject is measured, certain procedural constraints must be established. For example, the amount of preventive maintenance permitted, if it is permitted at all, and the degree to which the system operator can participate in correcting failures must be specified, because the manner in which the system is operated can affect the calculated reliability level.

2.6 If the particular failure density and the distribution function are known, the reliability function can be found directly. The distribution of failure should consider different types of distribution (normal, Weibull, exponential, log normal, gamma, Student, Rayleigh, etc.) In practice, one is usually forced to select a distribution model without having enough data to actually verify its appropriateness. Therefore the procedures used to estimate the various reliability measures may be obtained from empirical data.

2.7 Types of Test for Reliability Testing and Planning: Functional Tests, Environmental Tests, Reliability Life Tests.

2.8 This Engineering Practice is used in order to raise the level of knowledge and skill of test engineers and researchers who work in the area of testing and reliability, and increase the quality and productivity of machinery, thereby decreasing cost of design and test work. This is especially crucial in the following areas: reliability measures and how to evaluate; environmental tests and the influence on the reliability, accelerated testing and evaluating of agricultural equipment; physical simulation of the life rates in the laboratory, and grouping of test regimes, testing not only details and units, but complete machines and equipment.

2.9 The strategy of test for the evaluation of farm machinery reliability include a) establishment of initial information b) simulation of operating conditions; c) accelerated testing; d) statistical applicants; e) reliability evaluation. collection

2.10 Testing and evaluation of reliability can be for different levels of machinery life. 1) for one work season, 2) for optimal product life, 3) for service life, 4) on the instruction of the buyers. The machinery can be tested in practice under ordinary operating conditions, laboratory conditions and combinations of both these types of testing (Fig. 1.). Tests under laboratory conditions consist of (Fig. 1.) tests on the mechanical and environmental influences.

SECTION 3—TERMINOLOGY

3.1 Distribution: A mathematical function giving the cumulative probability that a random quantity, such as a component's life, will be less than or equal to any given value.

3.2 Probability: Likelihood of occurrence based on significant tests.

3.3 Sample: A small number of which will be considered as representative of the total population.

3.4 Accelerated test: A test in which the deterioration of the test subject is intentionally accelerated over that expected in service.

3.5 Accuracy: A generic concept of exactness related to the closeness of agreement between the average of one or more test results and an accepted reference value or the extent to which the readings of a measurement approach the true values of a single measured quantity.

3.6 Characteristic: A property of items in a sample population which, when measured, counted or otherwise observed, helps to distinguish between the items.

3.7 Control (evaluation): An evaluation to check, test, or verify.

3.8 Standard deviation: The most usual measure of the dispersions most often to form an estimate of some population parameter.

3.9 Population: The totality of items or units of equipment under

图 4-10 EP-456《农业机械试验和可靠性指南》第三稿第一页

COOPERATIVE STANDARDS PROGRAM

BALLOT
Please respond to deadline

5 November 1997

To:　**T-14, Testing and Reliability Committee**

R. Steven Newbery, Chair　　　　Lev M. Klyatis
Linwood H. Bowen　　　　　　　John H. Posselius Jr
Lawrence H. Ellebracht　　　　　David J. Sandfort
David D. Jones　　　　　　　　　Frank E. Woeste

Inf cc:　James A. Koch, Chair PM-03

From:　Dolores Landeck, Standards *Dolores Landeck*

Re:　　Proposed revision of EP456, Test and Reliability Guidelines

You may recall that development of X456 had been impeded because of language difficulties.
Project leader Lev Klyatis subsequently obtained assistance with a rewrite, and the resulting
draft is enclosed for your review.

I understand that most of you are well acquainted with the development of this revision.
Nevertheless, for your reference, I am including various committee records, provided by Dr
Klyatis, which offer some details of the project.

For those of you unfamiliar with the balloting process, the initial ballot period runs 30 days; a
reminder will then be sent to anyone who hasn't returned a ballot, extending the review
period for another 15 days. It is hoped that by the end of that time, at least 80% of the
committee will have responded; if not, a final notice will be sent specifying the final closing
date for the ballot. The draft will be considered approved if, after deducting Waive votes,
three quarters of the committee approves.

Please review the enclosed materials and return your ballot no later than **5 December**. Your
prompt response will be appreciated.

Thank you!

ASAE
2950 NILES ROAD · ST. JOSEPH. MI 49085-9659 · USA · 616/429-0300 · FAX: 616/429-3852 · E-MAIL: HQ@ASAE.ORG

图 4-11　ASAE 标准 EP-456 的投票(列夫·M. 克利亚提斯,项目负责人)

4.2.2　SAE G-11 可靠性委员会协助实施加速可靠性试验的措施

列夫·M. 克利亚提斯还应邀在 SAE G-11 可靠性委员会工作。G-11 部门
制定、讨论、更新、批准并表决了与航天可靠性、可维护性/保障性和概率方法有
关的新的和现行标准,这些标准成为 SAE 标准。

SAE G-11 部门的一个关键目标是合作制定标准。但这样的目标并不总是能实现的,现有的 SAE 标准 JA1009 草案在较早的时期进行了编制,计划用于航空航天可靠性试验,但在 1998 年这个草案未被 SAE 国际航空航天委员会批准。

SAE G-11 可靠性委员会会议提出了制定新标准 JA1009 可靠性试验的方案。克利亚提斯博士在 G-11 会议期间做了发言,并提议在共同标题"可靠性试验"下制定一组标准。

G-11 会议后产生了一组标准,包括以下内容:

(1) SAE JA 1009/A《可靠性试验-术语表》。

(2) SAE JA 1009-1《可靠性试验-策略》。

(3) SAE JA 1009-2《可靠性试验-程序(流程)》。

(4) SAE JA 1009-3《可靠性试验-设备》。

(5) SAE JA 1009-4《可靠性试验-可靠性试验结果与现场结果比较的统计准则》。

(6) SAE JA 1009-5《可靠性试验数据的收集、计算和统计分析,改进试验对象可靠性、耐久性和可维护性的开发建议》。

基于第 3 章中描述的可靠性试验的开发结果制定了这组标准,该标准的内容已经在会上进行了讨论并随后在 SAE 2013 世界大会上发表(论文 2013-01-0152"可靠性试验开发标准化'术语表'和'策略'是 ART/ADT 发展趋势的一部分"[2]和 2013-01-151"加速可靠性/耐久性试验标准化开发作为加速可靠性试验发展趋势的组成部分(ART/ADT)"[3])。

SAE 可靠性委员会批准了第 1 个标准,即 SAE G-11 JA1009/A《可靠性试验-术语表》,并建议将其与现有标准 ARP 5638 相结合。

第 2 个标准,即 SAE JA1009-1《可靠性试验-策略》,已经准备、讨论并批准投票,但 G-11 可靠性委员会对第 2 个标准没有给予足够的重视,最终投票未能完成。

这两个标准的草案都包含在《产品性能的有效预计》一书中[4]。

从这些标准的编制以及对 G-11 会议的讨论结果来看,作者的理论更新了早期开发的 ART/ADT。这些新出版物中开发的试验方法是成功预计产品可靠性和产品性能的其他要素的关键因素。底特律 SAE 世界大会的论文、期刊文章和该领域的其他出版物中包含这些标准的介绍,并且这些出版物可以帮助每个希望有效预计产品可靠性的人。由于参与制定了这些标准以及在质量和可靠性方面的职业工作,列夫·M. 克利亚提斯受邀担任多家公司和组织机构的顾问和研讨会讲师。作为 G-11 会议的一部分,委员会专家经常访问会议附近区域的公司。图 4-12 所示为访问 NASA 兰利研究中心期间的成员。

图 4-12　列夫·M. 克利亚提斯(左二)与 SAE G-11 部门国际
专家组在 NASA 兰利研究中心

　　这些会议帮助作者更好地了解了 NASA 和航空航天公司使用的可靠性预计方法,以及他们对如何有效预计产品性能的理解。令人惊讶的是,在兰利研究中心很难找到负责可靠性试验的人员或小组,而且他们的可靠性试验专业人员没有直接参与部件或成品的可靠性和耐久性试验。本章稍后将介绍与这些标准化工作相关的一些文件。

　　图 4-13 所示为 2012 年在华盛顿举行的会议期间,SAE G-11 分部的专家组成员的合影。在这次会议上,列夫·M. 克利亚提斯为 G-11 部门的成员做了演讲,帮助他们更好地理解了有效可靠性预计的概念。克利亚提斯博士与波音公司技术研究员、供应商管理和采购商用飞机的统计质量工程师、丹·菲茨西蒙斯(Dan Fitzsimons)先生进行了讨论,帮助他理解了大型公司的结构为什么难以实施这些提高可靠性和耐久性试验的方法。组织结构通常涉及部门层次结构,其中每个副总裁或经理仅对其直接领域拥有控制权。然而,有效地预计产品性能需要这些部门有效的交互才能成功。产品的成功与单个企业领域无关,而是取决于来自研究、试验、设计、生产、管理、营销等基本领域的所有团队的努力,这些基本领域的发展会影响产品的全寿命周期成本、利润、召回和其他性能要素。

　　记录从上述部门合作中吸取的经验教训是 G-11 工作的一部分,还包括关于 G-11 部门可靠性试验的几次报告和在共同标题"可靠性试验"下编制的上述 6 项 SAE 标准。

图 4-13　华盛顿举行的会议期间,SAE G-11 分部的专家组

(左四为列夫·M. 克利亚提斯)

　　表 4-3 给出了一个会议议程的事例,其中包括"6 个 G-11 JA1009 可靠性试验标准的作用和内容概述"。

表 4-3　SAE G-11 可靠性、可维护性/保障性和概率方法系统小组会议议程

2012 年 11 月 28 日至 29 日,华盛顿
主办单位:华盛顿特区霍尼韦尔国际 101 宪法大道　邮编:20001
第 1 天:2012 年 11 月 28 日星期三
10:00—10:30　　茶歇与交流
10:30—10:45　　开幕式,主办方发言(演讲者:待定)
10:45—11:00　　会议议程审查
11:00—11:15　　G-11 部门概述:前期工作、章程和未来计划讨论(主讲人:迈克尔·戈列克)
11:15—11:30　　SAE 员工代表讲话(演讲人:SAE 航空航天代表唐娜卢茨)
11:30—12:00　　2011 年 9 月会议纪要回顾
12:00—13:00　　午餐
13:00—13:45　　CBM 推荐实践指南项目状态(包括 RAMS-5 会议和 DoD 维护研讨会小组会议总结)
　　　　　　　　　(主讲人:克里斯·赛特和杰克·莱弗莱特)
13:45—14:30　　委员会审查以下内容的现状和计划:
　　　　　　　　　-G-11 可靠性
　　　　　　　　　-G-11 维修性/组织工作
　　　　　　　　　-G-11 概率方法
第 2 天:2012 年 11 月 29 日星期四
8:30—8:45　　审查第 2 天会议议程
8:45—9:30　　"6 个 G-11 JA1009 可靠性试验标准的作用和内容概述"(主讲人:列夫·M. 克利亚提斯)
9:30—12:00　　委员会分组会议(续)
　　　　　　　　-G-11 可靠性

续表

	-G-11 维修性/组织工作
	-G-11 概率方法
12:00-13:00	午餐
13:00-15:30	委员会分组会议(续)
	-G-11 可靠性
	-G-11 维修性/组织工作
	-G-11 概率方法

在演讲结束之后,委员会制定、讨论第二个标准并批准为其投票。但由于尚未进行最后表决,委员会没有通过该决议草案,此后数年间,G-11 可靠性委员会停止了所有工作。

幸运的是,在 2017 年,G-11 可靠性委员会恢复了这项工作。表4-4 为 SAE G-11 2017 春季会议公告。

表4-4　SAE G-11 可靠性、可维护性、保障性和概率方法委员会会议(2017 年)

 StandardsWorks@ sae. org　　　　　　　　　　　　　1 月 6 日(一天前)
发至我
大家好:

　　我谨宣布,我们将于 1 月 24 日星期二在佛罗里达州与 RAMS 一起举行一次 G-11 小组会议。

　　会议时间和地点请参见附件中的会议通知,如果您有兴趣参加这次会议,请通过标准工作组注册报名。我们还附上了供审查的文件清单。

　　请让所有有兴趣与 G-11 委员会合作的人了解这次活动。

　　如果您需要更多信息,请通过 sonal. khunti@ sae. org 联系我。

致以最亲切的问候
索伦·克蒂

附件(2)
附件 1:G-11 委员会的审核文件 . docx
附件 2:G-11 2017 年春季会议通知 . doc

G-11 2017 年春季会议通知 . doc

StandardsWorks@ sae. org	大家好,我们将举办一次	1 月 6 日(一天前)
	G-11 小组会议……	

各 G-11 概率方法委员会需审查的文件

续表

文 件 清 单			
文件编号	标　题	日　期	状　态
AIR5080	概率方法在设计过程中的整合	2012 年 5 月 8 日	重申状态
AIR5086	抑制概率方法应用的认知和局限性	2012 年 5 月 8 日	重申状态
AIR5109	概率方法的应用	2012 年 5 月 8 日	重申状态
AIR5113	与使用概率设计方法相关的法律问题	2012 年 5 月 8 日	重申状态

G-11R 可靠性委员会
正在进行中的项目：

项 目 号	标　题	发起人	日　期
ARP6204	CBM 推荐实践指南项目	弗雷德·克里斯蒂安·萨特	2011 年 9 月 15 日
JA1009	可靠性试验标准	列夫·M. 克利亚提斯	1998 年 10 月 27 日
JA1009-1	可靠性试验-策略	列夫·M. 克利亚提斯	2013 年 4 月 26 日

G-11 可靠性应用委员会

文 件 清 单			
文件编号	标　题	日　期	状　态
ARP5638	有效值术语和定义	2005 年 3 月 6 日	已发布

会议地点：佛罗里达州奥兰多市国际大道 9700 号罗森广场酒店，邮编：32819。
会议时间：下午 13：30-16：00；**会议室**：沙龙 17。
如果您有任何疑问，请致电+44 7590184521 或邮件 sonal. khunti@ sae. org 联系航天标准专家索伦·克蒂。
RAMS 会议时间：2017 年 1 月 24 日。

根据 SAE 国际 G-11 可靠性委员会会议的讨论结果，对 JA 1009 可靠性试验标准提出以下建议：

1. 可靠性试验标准 JA 1009/A《术语表（术语和定义）》（表 4-5）

包括适用文件说明（SAE 出版物、ECSS 出版物、ASO 和联邦出版物、IEC 出版物、美国政府出版物、其他出版物）适用参考资料和术语及定义词汇表：加速可靠性试验、加速耐久性试验、耐久性试验、具有适当注释的可靠性试验、准确模拟现场输入影响、准确可靠性预计、准确可靠性预计系统、准确物理仿真、分类准确度、相关性、危害分析、危害控制、危害降低、人为因素、人为因素工程、多环境复杂的现场输入影响、输出变量、符合性试验、实验室试验、加速试验、可靠性、可靠性改进、可靠性增长、耐久性、失效、失效机制、失效时间、失效间隔时间、项目、故障、系统、子系统、寿命周期、使用寿命、特征、模拟、预计、寿命周期成本、特殊功能现场试验等（共 11 页）。

2. 可靠性试验标准 JA 1009/2《程序》

可靠性试验(ART/ADT)是准确预计质量、可靠性、耐久性、可维护性、寿命周期成本和给定时间内利润以及加速产品开发的关键因素。包括对可靠性试验设计的逐步程序的描述,该程序适用于任何待试验的特定设备,当需要模拟试验对象的实际使用条件时,这个程序完全适用于实验室试验和特殊现场试验等。

3. 可靠性试验标准 JA 1009/1《可靠性试验–策略》(框表 4-6)

包括可靠性(加速可靠性/耐久性)试验的基本概念、现场条件的模拟的准确性(与安全相关的输入影响和人为因素)、作为现场输入影响精确模拟标准的试验对象的物理(化学)退化机制、从现场获得准确的初始信息的要求、选择有代表性的输入区域以准确模拟现场条件的方法、将现场移至实验室等的方法(共 18 页)。

4. 可靠性试验标准 JA 1009/3《可靠性试验–设备》

包括加速可靠性试验设备及其部件(多环境、振动、测力计、风洞等)的要求。试验设备被认为是多环境+机械+电气(电子)和其他类型试验的组合。实验室可靠性/耐久性试验设备示例等。

5. 可靠性试验标准 JA 1009/4《可靠性试验结果与现场结果比较的统计标准》

包括比较可靠性试验期间和实际使用条件下的输出变量和物理退化过程的统计准则、比较可靠性试验后和实际条件下的可靠性指标的统计准则(失效时间、失效强度等)。

6. 可靠性试验标准 JA 1009/5《可靠性试验数据的收集、计算、统计分析和改进试验对象可靠性、耐久性和可维护性的发展建议》

包括以下方法:试验期间的数据收集、数据的统计分析方法、退化和失效原因分析方法、消除这些原因导致的问题的建议方法、计算加速系数、提高试验对象可靠性的发展建议。

表 4-5　SAE 国际可靠性试验标准–术语表草案

SAEInternational® 地面车辆/航空 航天推荐规程	**SAE** JA 1009 拟议草案 ×××2012		
	已发表	拟议草案	2012-04-24
可靠性试验标准–术语表			
理论基础 　JA1009《可靠性试验》(正在修订,以扩大技术内容更好地组织材料)			

前言

本标准定义了与可靠性试验(加速可靠性试验)相关的最常用词汇和术语。它旨在用作可靠性试验定义的基础,并减少文件中其他地方明示或暗示的冲突、重复和错误解释出现的可能性。可靠性试验标准对应于SAE国际概况说明书:SAE技术委员会G-11可靠性、可维护性和概率方法、标准制定/修订活动。

本标准所含术语及其定义如下:

1. 在武器系统采购中对精确定义可靠性试验(包括加速可靠性和耐久性试验)标准具有重要意义的术语。

2. 这些术语的定义独特,不允许存在其他含义。

3. 术语及其定义表达清晰,最好没有数学符号。

本标准未包含的术语如下:

1. 在相关上下文中使用时,在普通的技术、统计或标准词典或文本中出现的具有单一可接受含义的术语。

2. 项目范围之外的其他标准中已经存在的术语。

3. 除唯一性需要的多个单词的术语。

1. 适用范围

本文件适用于为支持航空航天应用而进行的可靠性试验。

1.1 目的

本标准的目的是定义在指定可靠性试验(加速可靠性和耐久性试验)时使用频率最高的词汇和术语,让这些术语对航空航天承包商和用户具有共同的含义。

2. 参考文献

2.1 适用文件

在本文件规定的范围内,以下文件构成本文件的一部分。本文件适用于最新一期SAE出版物,其他出版物的适用版本应为采购订单日期生效的版本。如果本文件的文本与此处引用的参考文献之间存在冲突,则以本文件的文本为准。但是,除非已获得特定豁免,本文件中的任何内容均不得取代适用的法律和法规。

2.1.1 SAE出版物

可由以下方式向美国汽车工程师协会(SAE International)处获取:

地址:宾夕法尼亚州沃伦代尔联邦大道400号,邮编:15096-0001。

电话:877-606-7323(美国和加拿大境内)或724-776-4970(美国境外)。

网址:www.sae.org。

ARP 5638 RMS术语和定义。

2.1.2 ECSS出版物

以下出版物由欧洲空间标准化合作组织(ECSS)提供。

荷兰诺德韦克2200号欧洲航天局欧洲航天技术中心(ESA ESTEC)ECSS秘书处,邮政信箱299。

电话:+31-71-565 5748。

传真:+31-71-565 6839。

邮箱:ecss-secretariat@esa.int。

ECSS-Q-30B《欧洲空间标准化合作组织(ECSS)航天产品保障可靠性》。

ECSS-Q-30B《术语表》。

2.1.3 ISO和联邦规范

ISO 9000:2000《质量管理体系-基础和术语》

2.1.4 IEC出版物

以下出版物由国际电工委员会(IEC)提供。

地址:瑞士日内瓦20号,邮政信箱131号,邮编:1211,电话:+44-22 919-02-11。

网址:www.iec.ch。

IEC 60050—191:1990《质量词汇表-第3部分:可用性、可靠性和可维护性术语-第3.2节,国际术语表》。

IEC 60050—191《国际电工术语-第 191 章:服务的可靠性和质量》(参见 http://www.electropedia.org/iev/ iev.nsf/index? openform&part = 191)

2.1.5　美国政府出版物

以下出版物由文献自动化与生产服务中心(DAPS)提供。

地址:费城罗宾斯大道 700 号 4/D,邮编:19111 5094。

电话:215-697-6257。

邮箱:http://assist.daps.dla.mil/quicksearch/

MIL-STD-280《项目级别、项目互换性、模型和相关术语的定义》

MIL-STD-721C《可靠性和可维护性术语定义》

MIL-HDBK-781《工程开发、鉴定和生产的可靠性试验方法、计划和环境》

MIL-STD-882《系统安全程序要求》

2.1.6　其他出版物

Chan,H. Antony,T. Paui Parker,Charles Felkins,Antony Oates,2000,*Accelerated Stress Testing*. IEEE Press.

Klyatis Lev M. ,2012,*Accelerated Reliability and Durability Testing Technology*,John Wiley & Sons,Inc.

Klyatis,Lev M. ,Eugene L. Klyatis,2006,*Accelerated Quality and Reliability Solutions*. Elsevier,UK.

Nelson,Wayne,1990,*Accelerated Testing*. John Wiley & Sons,New York,NY.

Reliability Toolkit,Commercial Practices Edition. Reliability Analysis Center. 1993.

2.2　适用参考文献

The Chicago Manual of Style,14th Edition,University of Chicago Press,Chicago IL,1993.

Webster's Ninth New Collegiate Dictionary.

术语和定义词汇表

加速试验	使被测对象加速失效(恶化)的试验。
加速可靠性试验或加速耐久性试验(或耐久性试验)	试验以下内容: (1)物理(或化学)的退化机制(或失效机制)类似于在现实世界中使用给定标准的机制。 (2)可靠性和耐久性指标(失效时间、退化程度、使用寿命等)的测量与实际使用的指标(相应的给定标准)有很高的相关性。
注释 1	在 ART、ADT 或耐久性试验中对真实环境进行了准确的模拟,为准确预计产品的可靠性和耐久性提供了有用的信息。
注释 2	如果可靠性试验用于在使用寿命、保修期或其他规定的使用时间内进行的准确可靠性和耐久性预计,则此试验与可靠性试验相同。
注释 3	ART/ADT 与试验过程中使用的应力程度有关。较高的应力水平会导致更高的加速度系数(现场产品的失效时间与 ART 期间的失效时间比),而较低的应力水平将导致现场结果与 ART 结果之间的相关性较低,从而导致预计不准确。
注释 4	ART 和 ADT(耐久性试验)包括: (1)一个复杂而全面的实验室试验与定期现场试验相结合的组合试验。 (2)实验室试验必须设计为支持交互多环境试验、机械试验、电气试验和其他类型真实试验的复杂同步综合试验体系。 (3)定期现场试验考虑了实验室无法准确模拟的因素,如产品工艺过程的稳定性、操作人员的可靠性对试验对象的可靠性和耐久性的影响、使用期间的成本变化等。 (4)准确模拟现场条件需要充分了解与安全因素和人为因素相结合的现场输入影响的仿真。

注释5	ART 和 ADT(或耐久性试验)具有相同的预期结果——在现场情况下对产品性能进行精确模拟。 ART 和 ADT 主要的区别在于使用的度量标准和试验的时长的不同。对于可靠性而言,预计结果通常用 MTTF、故障间隔时间和类似参数表示;而对于耐久性来说,它是对产品正常运行时间或预期使用时间的度量。
注释6	ART 可以在不同的时间段内执行,例如保修期、法规规定的期限、1 年、2年、使用寿命期限等。
可接受风险	在应对后果时,将风险情景具体化。
准确预计	如果满足以下条件,则表示预计是准确的: (1) 预计方法纳入了所有活跃场的影响和相互作用因素。 (2) 拥有精确的初始信息(来自 ART/ADT),用于计算给定时间内每个产品模型预计参数的变化。
现场输入影响的精确模拟	所有现场的影响同时并相互组合起作用,并且准确地模拟出不超过给定极限偏差的输入影响。
精确的系统可靠性预计	当且仅当现场条件的模拟准确且 ART 可行时,系统预计才准确。它由两个基本要素组成:方法和在给定时间内为计算可靠性变化获得准确初始信息的来源。
容许应力	在给定的操作环境下,保证结构部件不发生破裂、坍塌、有害变形或不可接受的裂纹扩展所允许承受的最大应力。
精确的物理仿真	当实验室输出变量的物理状态与现场输出变量的物理状态相差不超过允许的发散极限时的仿真。
评估	从试验、考试、问卷调查、调查和附带来源中获取证据的系统方法,用于推断特定目的的人、物或程序的特征。
认证	第三方提供的产品、流程或服务符合指定要求的书面保证的程序。
分类精度	当使用试验对个体或事件进行分类时,不出现误报或漏报分类和诊断的程度。
共因失效	一个系统中由于某种共同原因而引起两个或两个以上单元的同时失效。
共模失效	由于相同的失效模式引起的多个部件的失效。
共模故障	由特定的单一事件或起因导致若干设备或部件功能失效的故障。
置信区间	指分数刻度上两个值之间的间隔,在该间隔内具有指定的概率、分数或相关参数。置信区间展现的是某个参数的真实值有一定概率落在测量结果周围的程度,其给出的是被测量参数的测量值的可信程度。
配置控制	在配置文件正式建立之后,控制配置项及其组件的演化的过程。
注释	控制包括评估、协调、批准或不批准以及变更的实施。
配置标识	确定产品结构、选择配置项、记录配置项的物理和功能特性(包括接口和后续更改)以及为配置项及其文档分配标识字符或编号的过程。
配置项	指纳入配置管理范畴的所有项目(硬件、软件等),在配置管理过程中作为单个实体处理。
注释	配置项可以包含其他配置项。

后果	事件的结果。
注释 1	一个事件可以产生多个后果。
注释 2	后果的范围可以从正面到负面。但是安全方面的后果总是消极的。
注释 3	后果可以定性或定量表达。
相关性	两个度量或变量(如身高、体重或其他)的关联程度。
成本(价格)	为过程增值和结果有效已付出或应付出的资源代价。
数据	指以自动处理的方式表示的信息。
最低风险设计	通过遵守特定的安全要求(故障容限除外),将产品的剩余风险控制在可接受的范围之内的设计过程。
发展	在制造前建立实施技术或设计能力的过程。
注释	该过程可包括构建产品的各个部分或完整的模型,以及评估产品的性能。
事件	在特定情况下发生的事情。
注释 1	事件可以是确定的或不确定的。
注释 2	事件可以是单个事件或一系列事件。
注释 3	可以在给定的时间段内估计与事件相关的概率。
因子	在测量理论中,因子是一种从统计学上推导出来的假设维度,它解释了试验之间的部分相互关系。严格地说,这个术语是指由因子分析定义的统计维度,但它也常用于表示与维度相关的心理结构。单因子试验只评估一个结构;多因子试验测量两个或多个结构。
现场试验	用于检查实际正常服务中试验程序的充分性的试验,通常包括试验管理、试验响应、试验评分和试验报告。
伤害	人身伤害、健康损害、财产或环境损害。
有害事件	危险情况导致伤害的事件。
危害	潜在的危害源。即一种与系统的设计、运行或环境有关的可能产生有害后果的情况。
危害分析	识别、分类和减少危害的系统和迭代过程。
危害控制	预防或缓解危害发生的措施,引入系统设计和操作以避免此类事件发生。
危害消除	消除或最小化和控制危险的过程。
危险情况	人、财产或环境暴露于一个或多个危险中的情况。
人为错误	一个人未能按要求执行操作而导致的错误。
人因学	一门研究人类与系统其他要素之间相互作用的科学学科。
人因工程学	一门致力于通过应用人的能力、优点、缺点和特点的知识来改善人机界面和人类表现的科学学科。

信息	能够以适合通信、存储或处理的形式表示的情报或知识。
注释	信息可以通过符号、标志、图片或声音等形式来表示。
项目	任何可以单独描述和考虑的活动。
注释	项目可以是： (1) 某项活动、过程或产品;某个组织、系统或个人。 (2) 两者的任意组合。
全寿命周期	由 3 个基本阶段组成:研发、生产或建设、运营和维护。
维修性预计	在给定的操作和维护条件下,考虑其子系统的可维护和可靠性性能指标,预计项目的可维护性性能指标的数值的活动。
模型	一个项目或过程的相关方面的物理或抽象表示,可作为计算、预计或进一步评估的基础来创建或使用这样的模型。
现场输入影响的多环境因素类别	包括温度、湿度、污染、辐射、风、雪、波动和雨等影响因素。 输入影响因素常常结合在一起形成一种与单独和独立试验时截然不同的效果。例如,化学污染和机械污染可能在污染变量中结合,并产生比通过独立试验所证明的更大的产品退化。这些看似相互依赖的因素实际上是相互关联的,并且相互作用和相互结合。
参考标准	将引用出版物中的要求纳入规范性文件的参考文献。
输出变量	输出变量是输入影响交互作用的结果,可以是负载、张力、输出电压等。 输出变量会导致产品退化(变形、裂纹、腐蚀、振动、过热)和故障。
程序	执行活动的指定方式。
注释1	在许多情况下,程序是会进行文档化的(如质量体系程序)。
注释2	当程序形成文件时,经常使用术语"书面程序"或"文件化程序"。
注释3	书面或文件化的程序通常包括活动的目的和范围、应做的事情、应使用的材料、设备和文件,以及控制和记录的方法。
产品保证学	一门专门研究、规划和实施活动的学科,旨在确保项目中的设计、控制、方法和技术能使产品达到令人满意的质量水平。
质量保证	在质量体系内实施的所有计划的和系统的活动,并根据需要进行演示,以提供一个实体满足质量要求的充分信心。
质量控制	用于满足质量要求的操作技术和活动。
定性数据收集	定性数据收集是软信息的集合,如事件发生的原因等。
定量数据收集	定量数据收集是可以表示为数值的数据集合。
可靠性	项目在给定时间间隔内、在给定条件下执行所需功能的能力。
注释1	通常假设项目在时间间隔开始时处于执行所需功能的状态。
注释2	术语"可靠性"也用于表示一个项目在特定时间段内、在一定条件下执行所需功能的不合格能力。
可靠性关键项目	包含故障后果严重程度分为灾难性、严重性或重大性的单点故障项目。

可靠性增长	一种随着时间的推移,某个项目的可靠性性能指标逐渐提高的状态。
可靠性试验	指在产品实际正常使用期间进行的试验,在试验期间为评估产品的可靠性指标提供初始信息。
注释	如果在任何时间(使用寿命期间、保修期或其他时间)使用精确的可靠性预计,则与加速可靠或耐久性试验相同。
剩余风险	在完成危害降低和控制过程后,系统中剩余的风险。
风险	事件概率及其后果的组合,或潜在损失的大小和发生这种损失的概率的定量度量。
注释1	"风险"一词通常仅在存在负面后果的可能性时使用。
风险类别	风险类别或类型(如技术、法律、组织、安全、经济、工程、成本、进度)。
风险准则	评估风险重要性的标准。
注释	风险准则可包括相关的成本和效益、法律和法定要求、社会经济和环境方面的准则、利益相关者关注的标准、优先事项和评估的其他投入等。
风险估计	基于风险分析程序,量化测评某一事件或事物达到可容忍风险的程度。
风险评估	整个过程包括风险分析和风险估计。
风险控制	实施降低风险可能性或严重性的措施。
风险趋势	整个项目全寿命周期中风险的演变。
安全关键功能	如果丢失或降级,或通过不正确或疏忽的操作,可能导致灾难性或严重危险事件的功能。
安全措施	消除危险或降低风险的方法。
软件	与计算机系统操作有关的程序、步骤、规则和任何相关文档。
应力试验	分为恒定应力、阶跃应力、循环应力和随机应力试验。
随机应力	可用于加速可靠性试验。
系统工程学	是一门涉及体系结构、设计和组成系统的元素的集成的学科。系统工程基于集成的和跨学科的方法,其中组件相互作用并相互影响。除了技术系统之外,所考虑的系统还包括人力和组织系统,其中关键的人为因素与其他交互因素的结合直接影响企业目标的实现。
系统体系	由系统本身的组件组成(单独设计并能够独立行动),这些组件协同工作以实现共同的目标。
符合性试验	用于显示物品的特征或属性是否符合规定要求的试验。
实验室试验	在规定和受控条件(可能模拟或不模拟现场条件)下进行的符合性试验或判定试验。
耐久性试验	在一定时间间隔内进行的,研究施加规定应力以及应力持续时间或重复施加此应力对某一项目性能的影响的试验。
试验开发	改进、计划、构建、评估和修改试验的过程,包括考虑试验的内容、格式、管理、评分、项目属性、扩展和技术质量以达到预期的目标。

续表

试验开发系统	一个或多个程序的通用名称,允许用户编写和编辑项目(问题、选择、正确答案、评分方案和结果),并维护试验的定义(项目如何与试验一起交付)。
试验技术	用于获得结构化且有效的试验(涵盖全寿命周期中不同阶段的试验目标)的活动过程。
验证	通过检查和提供客观证据,确认特定用途的特殊要求是否已得到满足。
注释1	在设计和开发中,验证涉及检查产品以确定是否符合用户需求的过程。
注释2	通常在正常操作条件下对最终产品进行验证。验证在早期阶段可能是必要的步骤。
全寿命成本(WLC)	在规定的准备、可靠性、性能和安全水平下组装、装备、维持、操作和处置计划中详述的指定资产所需的全部费用。
注释	WLC还包括招聘、培训和聘请人员的成本以及高层组织的成本。

由SAE小组委员会G-11R,可靠性委员会G-11,可靠性、可维护性、保障性和概率方法委员会共同编写。

表4-6　SAE G-11 JA1009 可靠性试验标准-策略草案

SAE International 地面车辆/航空航天推荐规程	SAE JA 1009 拟议草案 APR2013 已发表　拟议草案第二稿　2013-04-02
可靠性试验标准-策略	

理论基础
　　JA1009 可靠性试验(正在修订,以扩大技术内容更好地组织材料)

前言
　　本标准旨在为获得在全寿命周期的任何阶段(保修期、使用寿命期间等)用来准确预计可靠性、质量、安全性、保障性、可维护性和实际条件下的全寿命周期成本的信息提供基础,以及减少文献中其他地方留下深刻印象或暗示的冲突、重复和错误解释的可能性。
　　使用以下标准来确定在此文档中是否包含标准中所述内容:
　　1. 如果可靠性试验在使用寿命期间、保修期或其他时间内用于准确的可靠性和耐久性预计,则可靠性试验与加速可靠性试验相同。因此,下面经常使用术语加速可靠性试验代替可靠性试验这个术语。
　　2. 本SAE标准的目的是标准化策略,以帮助在设计和制造过程中准确预计真实环境中产品的可靠性、耐久性和可维护性。
　　3. 现实世界条件包括与安全和人为因素相结合的全部输入影响。

适用范围
　　本文件适用于为支持航空航天应用而进行的可靠性试验。

目的
　　本标准的目的是定义加速可靠性试验策略,为飞机、航空航天和其他领域的承包商和用户提供该策略的通用含义。

参考文献

续表

适用文件

　　在本文件规定的范围内,以下文件构成本文件的一部分。本文件适用于最新一期 SAE 出版物,其他出版物的适用版本应为采购订单日期生效的版本。如果本文件的文本与此处引用的参考文献之间存在冲突,则以本文件的文本为准。但是,除非已获得特定豁免,本文件中的任何内容均不得取代适用的法律和法规。

SAE 出版物

　　可由以下方式向美国汽车工程师协会(SAE International)处获取:

　　地址:宾夕法尼亚州沃伦代尔联邦大道 400 号,邮编:15096-0001。

　　电话:877-606-7323(美国和加拿大境内)或 724-776-4970(美国境外)。

　　网址:www. sae. org。

　　SAE 国际可靠性试验标准 JA 1009/1。

ASTM 出版物

　　以下出版物由 ASTM 国际公司提供。

　　地址:美国宾夕法尼亚州西康舍霍肯巴尔港大道 100 号,邮政信息 C700,邮编:19428-2959。

　　电话:610-832-9585。

　　网址:www. astm. org。

　　ASTM E2696-09 基于指数分布的寿命和可靠性试验的标准实施规程

ECSS 出版物

　　以下出版物由欧洲空间标准化合作组织(ECSS)提供。

　　荷兰诺德韦克 2200 号欧洲航天局欧洲航天技术中心(ESA ESTEC)ECSS 秘书处,邮政信箱 299。

　　电话:+31-71-565 5748。

　　传真:+31-71-565 6839。

　　邮箱:ecss-secretariat@ esa. int,

　　ECSS-Q-30B《航天产品保证-可靠性》。

　　ECSS-M-00-03A《航天项目管理-风险管理》。

　　ECSS-Q-40-02A《航天产品保证-危害分析》。

　　ECSS-Q-40B《航天产品保证-安全》。

IEC 出版物

　　以下出版物由国际电工委员会(IEC)提供。

　　地址:瑞士日内瓦 20 号,邮政信箱 131 号,邮编:1211。

　　电话:+44-22 919-02-11

　　网址:www. iec. ch。

　　CEI IEC 61508-1《电气/电子/可编程电子安全相关系统的功能安全-第 1 部分:一般要求》

　　IEC 60300-3-2,Ed. 2《可靠性管理-第 3-2 部分:现场可靠性数据收集应用指南》

　　IEC 60605-2《系统、设备和部件的可靠性-第 10 部分:可靠性试验指南第 10. 2 节试验循环设计》

ISO 出版物

　　以下出版物由美国国家标准协会提供。

　　地址:美国纽约西 43 街 25 号,邮编:10036-8002。

　　电话:212-642-4900。

　　网址:www. anci. org。

　　ISO 9000:2000《质量管理体系基础和术语》。

　　ISO 14121《机械安全风险评估原则》。

美国政府出版物

　　以下出版物由文献自动化与生产服务中心(DAPS)提供。

　　地址:费城罗宾斯大道 700 号 4/D,邮编:19111 5094。

　　电话:215-697-6257。

　　邮箱:http://assist. daps. dla. mil/quicksearch/。

　　MIL-HDBK-108《寿命和可靠性试验抽样程序和表格(基于指数分布)》。

　　MIL-HDBK-217F《电子设备可靠性预计》。

　　MIL-STD-690D《故障率抽样计划和程序》。

MIL-STD-756B《可靠性建模与预计》。

MIL-HDBK-781《工程开发、鉴定和生产的可靠性试验方法、计划和环境》。

MIL-HDBK-781A《可靠性试验方法/计划/工程开发、鉴定和生产环境手册》。

MIL-STD-781D《可靠性试验的工程开发、鉴定和生产》。

MIL-STD-882C《系统安全程序要求》。

MIL-STD-2074《可靠性试验故障分类》。

DoD 3235.1H《系统可靠性、可用性和可维护性的试验和评估:新的引物》。

其他出版物

Chan, H. Antony, T. Paul Parker, Charles Felkin, Antony Oates, 2000, *Accelarated Stress Testing*. IEEE Press.

Lev Klyatis, 2016, *Successful Prediction of Product Performance. Quality, Reliability, Durability, Safety, Maintainability, life Cycle Cost, Profit, and Other Components*. SAE International.

Klyatis Lev M., 2012, *Accelerated Reliability and Durability Testing Technology*, John Wiley & Sons, Inc.

Klyatis, Lev M., Eugene L. Klyatis, 2006, *Accelerated Quality and Reliability Solutions*, Elsevier, UK.

Nelson, Wayne, 1990, *Accelerated Testing*, John Wiley & Sons, New York, NY.

Reliability Toolkit: Commercial Practices Edition. Reliability Analysis Center. 1993.

加速可靠性试验策略

可靠性试验策略的一般组成成分如图4-14(a)所示。

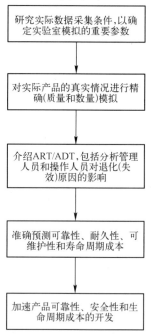

图 4-14(a)　可靠性试验技术的一般要素

可靠性试验策略的具体要素

人们需要研究现实世界中的数据连接条件,以确定实验室中要模拟的重要参数。

定量和定性数据收集

　　定量数据收集可以表示为数值的数据集合;定性数据收集是软信息的集合,如事件发生的原因。两种数据类型都很重要并且相互支持。收集的数据类型取决于数据要回答的问题类型。

　　数据收集的内容和方法

　　数据收集为可靠性试验提供了真实环境条件的精确模拟。这些条件包括全部现场输入影响、输出变量、安全和人为因素、可靠性、耐久性和维护数据。以上这些信息是经过几年时间收集完成的,涉及许多不同的用户和维护人员。由此可见,数据收集是一项大规模的工作,在收集过程中可能会导致数据损坏。因此,数据收集、整理和记录过程必须强调易用性和防错性。

　　可靠性、耐久性和维护数据是现场条件作用于产品的结果,并且它们之间共享许多公共元素。因此,可靠性数据收集应与维护记录系统集成。在可能的情况下,所有公共元素的数据共享应与维护记录系统集成。如果报告表与其他类型的报告相结合,例如经济补偿(备用成本、保证金、里程补偿和维修人员的时间报告),则可以提高数据报告的准确性。如果维修人员知道如何使用数据,则报告的质量会提高。此外,如果他们的数据报告不完整或不明确,应告知他们进行修改。

　　数据采集可以通过使用电子数据记录设备实现自动化或半自动化。最复杂的数据采集使用内置电子设备来执行相同的任务。

　　自动数据采集(ADC),也称为自动识别(AutoID)和数据捕获(AIDC)(许多人错误地称为"条码"),由许多技术组成,包括一些与条码无关的技术。

　　现场条件

　　现场条件中存在 3 种综合影响因素:

　　(1) 现实世界输入影响的完整复合体;

　　(2) 安全问题;

　　(3) 人为因素。

　　首先,对于许多类型或类似的产品和过程组,在现场总是存在现实世界输入影响的完整复合体以及其他两个影响因素。每个影响因素的详细信息都更具体。在多数情况下,现场输入影响包括多环境、机械、电气和电子影响因素类别,每个影响因素类别也是其子组件的复合体。现场输入影响的多环境复合体包括温度、湿度、污染、辐射、风、雪、波动、气压和雨等因素。一些基本的输入影响结合起来形成一个全方位的影响复合体。例如,化学污染和机械污染结合在污染复合体中。输入影响的机械因素类别由不同的复杂度低的因素组成,机械因素类别产生的影响的具体情况取决于产品或过程的细节和功能。输入影响的电气组也包括几种不同类型的简单影响,例如输入电压、静电放电等。这些因素是相互依赖和相互联系的,并且彼此组合地相互作用。精确的仿真需要模拟上述影响因素的相互作用。

　　安全问题是风险问题和危害分析的组合,两者都与可靠性有关。例如,容错性是用于控制危害的基本安全要求之一;又比如由功能失效引起的安全风险。故障树分析可用于建立系统级危险与子系统、设备或零件级危险事件之间的系统联系。

　　同样的逻辑也适用于解决风险问题。在可靠性和安全性方面有许多标准,包括可靠性和安全性的相互联系。

　　风险问题和危害分析都是由其子组件组成的。

　　风险问题的解决方案可在以下子组件中找到:

　　(1) 风险估计;

　　(2) 风险管理;

　　(3) 风险评估。

　　上述每个子组件都由其下属的子组件组成。

　　解决安全问题需要同时研究和评估这些相互作用的组件和子组件的完整复杂性。

　　要获得风险评估的信息,需要了解以下内容:

　　(1) 机械限制;

　　(2) 事故和事件历史;

　　(3) 机械寿命阶段的要求;

　　(4) 机械性能的基本设计图纸;

　　(5) 健康损害声明。

　　风险分析需要:

（1）识别危害；

（2）设置机械极限的方法；

（3）风险估计。

人因工程学是一门致力于通过应用人的能力、优点、缺点和特点的知识来改善人机界面和人类表现的科学学科。

因为产品的可靠性与操作者的可靠性和能力有关，所以人为因素总是与可靠性和安全性相互作用。

在美国这一术语被称为人为因素，而在欧洲，它通常被称为人体工程学。

这是一个涵盖多个研究领域的术语，包括以下内容：

（1）人类表现；

（2）技术；

（3）人机交互。

人为因素是用于描述个人与设施和设备以及管理系统之间相互作用的术语。人为因素的学科旨在优化技术与人类之间的关系。人为因素将有关人类特征、局限性、感知、能力和行为的信息应用于设计和改进人类使用的物体和设施。人为因素的基本目标是分析人们利用产品或流程的方式。然后以这样的方式进行设计，使产品的使用变得直观，便于人们的操作。人为因素的相关从业者拥有不同的背景，他们主要是心理学家（认知、知觉和实验）和工程师，设计师（工业、交互和图形）、人类学家、技术通信专家和计算机科学家也对该领域做出了贡献。

人为因素从业者感兴趣的领域通常包括：

（1）工作量；

（2）疲劳程度；

（3）态势感知；

（4）可用性；

（5）用户界面；

（6）学习能力；

（7）注意力；

（8）警惕程度；

（9）人类表现；

（10）人的可靠性；

（11）人机交互；

（12）控制和显示设计；

（13）压力；

（14）数据可视化；

（15）个体差异；

（16）老化；

（17）可访问性；

（18）安全性；

（19）轮班工作制；

（20）在极端环境下工作；

（21）人为错误；

（22）决策。

人为因素/人体工程学的分类方案比上面的列表要广泛得多。人的特征包括：

（1）心理方面；

（2）解剖学方面；

（3）群体因素；

（4）个体差异；

（5）心理生理状态变量；

（6）任务相关因素。

实验室条件下的真实环境精确仿真

现实世界的条件仿真由其子组件组成。第一个子组件是选择具有代表性的区域。这个概念(选择代表性试验区域)用于扩展实际的分析技术,并建立关键输入(或输出)过程的特征。该区域是代表所有预期作业区域总人口的最典型的区域。仿真是一种在试验过程中使用模型的工具,它是用来评估潜在结果的一种试验形式。

现实世界条件的直接精确仿真

仿真的类型分为物理仿真、交互仿真、计算机(软件)仿真、数学仿真和其他仿真。本标准考虑适用于实际产品或工艺的现场环境物理仿真。

本标准认为物理仿真是对真实产品或过程所经历的实际使用情况的仿真。因此,在本标准中,仿真中使用的物品通常并不比真实物体或系统中使用的物品小或便宜。

对于产品的加速可靠性试验,需要在实验室中模拟真实世界的环境,使用人工输入的影响来模拟实际的现场影响,以及进行专门的现场试验(图 4-14(e))。这些条件是物理接触的并与试验对象相互作用。为了完成加速的可靠性和耐久性试验,现场输入影响的物理仿真必须在质量上和数量上更加精确。

第一个基本问题是需要了解在实验室中模拟哪种现场输入影响,以及这些物理仿真影响的目的。

还需要了解试验所需的各种类型的输入影响如何在操作和存储期间作用于现场试验对象(图 4-14(b))。这些影响包括温度、湿度、污染、辐射、道路特征、气压和波动、输入电压以及许多其他因素($X_1,\cdots,X_N$)。

这些影响作用的直接结果是产生输出变量(振动、负载、张力、输出电压和许多其他变量($Y_1,\cdots,Y_M$))。输出参数会导致产品退化(变形、裂纹、腐蚀、过热)和故障。

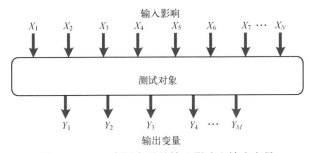

图 4-14(b)　实际产品的输入影响和输出变量

在对产品进行可靠性试验时,一定要在实验室中模拟整个输入影响范围($X_1,\cdots,X_N$)。

当实验室输出变量的物理状态与现场输出变量的物理状态相差不超过允许的发散极限时,则证明物理仿真是精确的。评估精确的物理仿真有两个步骤。第一步:如果试验过程中的输出变量(振动、载荷、张力、电压、振幅和振动频率)与现实世界中相同的输出变量相差不超过给定的极限(如3%),则仿真是准确的。

这意味着输出变量遵循以下不等式:

$$Y_{1FIELD}-Y_{1LAB} \leqslant 给定极限(如1\%、2\%、3\%、5\%等)$$

$$Y_{MFIELD}-Y_{MLAB} \leqslant 给定极限(1\%、2\%、3\%、5\%)$$

第二步和最后一步的目的是确定仿真是否足够精确。这就要求 ART 和现实操作中退化过程的物理差异不超过给定的固定极限。

退化机制可以通过产品试验过程中的退化参数来估计(图 4-14(c))。在现实世界中,机械、化学、物理、电子、电气和其他类型的退化机制通常相互作用。

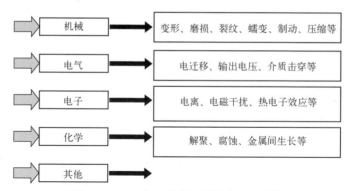

图 4-14(c) 物理退化机制的类型和参数

实施仿真策略的基本步骤

为了在实验室进行 ART 和 ADT,必须实施以下仿真策略的基本步骤,以便为准确预计现实世界中的可靠性、耐久性、可维护性和寿命周期成本提供初始信息:

(1) 从现实世界中收集准确的数据。

(2) 使用给定的标准对现场条件进行精确仿真。

(3) 每天 24h 进行仿真试验,但不包括:

① 空闲时间(休息、中断);

② 在不导致故障的最小负载下运行期间。

(4) 同时准确模拟每组现场输入影响(多环境、电气、机械)。

(5) 将输入影响视为随机过程。

(6) 使用一个复杂的系统对每种相互作用的现场影响、人为因素和安全因素进行建模。

(7) 模拟各种类型的现场影响、人为因素和安全性及其特性的整个范围。

(8) 使用物理退化过程作为准确模拟现场条件的最终标准。

(9) 在使用体系方法时将系统视为互联系统。

(10) 考虑系统内组件(试验对象)的交互作用。

(11) 作为 ART/ADT 的组成部分,结合特殊现场试验进行实验室试验。

(12) 复制完整的现场时间表和维护或维修范围。

(13) 在现实世界和实验室条件之间保持适当的平衡。

(14) 分析现实世界和 ART/ADT 期间的退化和故障后,纠正仿真系统。

必须精确模拟每个输入影响(或变量)的全部范围。输入影响是一个复杂过程的要素,改变它们通常会产生随机性。

当所有输入影响或输出变量的统计特征(如数学期望 μ、方差 D、归一化相关函数 $\rho(\tau)$ 和功率谱函数 $S(\omega)$ 在工作条件下的测量值的差值不超过规定的限值(通常定义为百分比),就会产生输入过程的精确仿真。

通过对退化(失效)过程的评估,可以得出精确仿真的最终结论。如果 ART 后的退化或失效分布函数被称为 $F_a(x)$,并且在运行条件下的分布函数为 $F_0(x)$,则其差值的度量如下:

$$\eta[F_a(x),F_0(x)]=F_a(x)-F_0(x)$$

函数 $\eta[F_a(x),F_0(x)]$ 具有极限 η_A(最大差值)。

如果 $\eta[F_a(x),F_0(x)]\leqslant\eta_A$,则可以使用 ART 结果确定可靠性。

如果 $\eta[F_a(x),F_0(x)]>\eta_A$,则不建议使用 ART 结果预计可靠性。

如果函数 $F_a(x)$ 和 $F_0(x)$ 的值未知,则仍然可以构造 $F_a(x)$ 和 $F_0(x)$ 的实验数据图,并确定其差值:

$$D_{m,n} = \max \left[F_{ae}(x) - F_{0e}(x) \right]$$

其中：F_{ae}，F_{0e} 为使用加速试验和在操作条件下试验产品所观察到的可靠性函数的经验分布。

我们也可以从 $F_{ac}(x)$ 和 $F_{0c}(x)$ 的图中找到 $D_{m,n}$。为此，必须确定以下值：

$$\lambda_0 = \frac{\sqrt{mn}}{(m+n)(D_{m,n} - \eta_A)}$$

其中：n 为操作条件下的故障次数；m 为实验室中的故障次数。

比较分布函数之间的对应关系可用以下概率来评估：

$$P \left[\frac{\sqrt{mn}}{(m+n)(D_{m,n} - \eta_A)} \leqslant \lambda_0 \right] < 1 - F(\lambda_0)$$

如果 $1 - F(\lambda_0)$ 很小（通常不超过 0.1），则

$$\max \left[F_{ac}(x) - F_{0c}(x) \right] > \eta_A$$

选择需要准确模拟的输入影响取决于试验对象在操作条件下的具体要求。

每种产品都有不同的退化机制参数。为了进行精确的仿真，必须评估每个参数的极限。

压力试验的一个基本原理是：应力越大意味着产品失效的速度越快，加速试验结果与现场结果的相关性越低。

在实际操作中，机械、化学和物理类型的退化机制经常相互作用。机械退化的退化参数包括变形、磨损或裂纹等其他变化。化学降解的降解参数有腐蚀、解聚、金属间生长和其他变化。

电降解的降解参数有电迁移、静电放电、介质击穿等变化。电子降解的降解参数包括电离、电磁干扰、热电子效应、β 降解、应力迁移和其他变化。

如果可以使用传感器来评估这些基本参数，那么可以测量它们在特定时间内的变化率，以比较现实世界和实验室的试验结果，并确定 ART 条件与现实条件的相似程度。如果这些过程相似，则 ART/ADT 结果与现场试验结果之间可能存在足够的相关性。

ART/ADT 介绍(退化原因的分析和管理)

　　ART/ADT 的优点

　　ART/ADT 对现实条件进行了精确的模拟，为产品可靠性的准确预计提供了初始信息。研究实验室的现实世界条件及其对试验对象的影响，可以快速找到故障和退化的正确原因，也为加快制定故障和退化的补救措施提供了可能。通过利用 ART/ADT 提供的初始信息，可以在任何给定时间内对产品可靠性、耐久性、可维护性和寿命周期成本做出准确的预计，这使产品无论在设计过程中的加速开发还是在制造过程中的任何时间(保修期、使用寿命等)的基本质量和可靠性指标的改进都成为可能。

　　ART/ADT 技术

　　ART/ADT 的性能体现了为这种试验方法提供的技术。技术包括两个基本要素：方法和设备。

　　ART/ADT 方法

　　ART/ADT 方法必须将加速实验室试验和特殊现场试验相结合(图 4-14(d))。

　　ART/ADT 使用特殊的现场试验来评估在实验室中不可能模拟或模拟费用较高的现场影响。选择适当的加速实验室试验和特殊现场试验方法取决于试验对象及其使用的具体情况。

　　为了评估/预计产品/技术的稳定性，以及管理人员和操作人员的可靠性影响产品的可靠性的方式，有必要提供专门的现场试验(图 4-14(e))。

　　每一种飞机和航空航天产品都有特定的用途和操作制度。为了准确地模拟每一种情况，需要在实验室中复制实际的现场情况。

　　同时，操作人员正确利用产品的可靠性是可靠性仿真中必须考虑的一个关键影响因素。图 4-14(f) 表明，操作人员的可靠性是多种因素的组合。

　　可靠性预计

　　执行准确的可靠性预计的一个重要的参数是机器运行的持续时间，或机器寿命的占空比。这可以是一个长期或短期的预计。

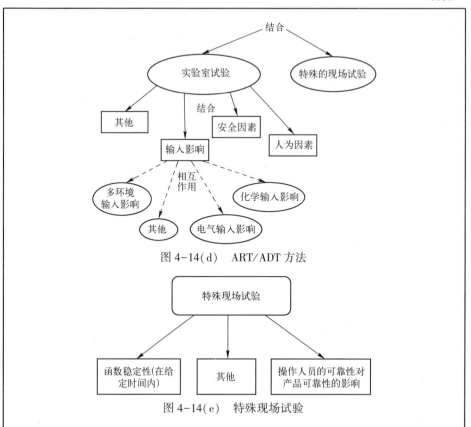

图 4-14(d) ART/ADT 方法

图 4-14(e) 特殊现场试验

（1）短期预计评估在工作日执行特定任务的可靠性，如飞行员的飞行前测试或车辆驾驶员的行前检查。

（2）顾名思义，长期预计关注的是较长的时间段内（几天、几周、几个月、几年）的预计，以预计申请人是否能在规定的时间内工作，以及是否能在从较长的工作周期内产生的变化中工作。例如，使用长期预计来评估和解决作为人类因素的基本要素之一的心理生理学（PP）定位和选择问题。

为操作人员执行特定任务（包括功能条件）的能力水平设定现实限制也是一个问题。例如对管理人员、操作人员的能力和个人素质的复杂特性进行限制，这些特性会影响操作人员在给定时间段内控制车辆的行为质量。

ART/ADT 设备的战略开发

一旦对 ART/ADT 方法有了了解，就会知道 ART/ADT 技术开发中的第二个要素是设计使用 ART/ADT 功能所需的设备。第一步是将各种影响合并到一个设备中，这会导致组合设备比分立设备更复杂。组合设备可以由一个相互连接的复杂设备中的现有设备类型组合而成。虽然该试验设备更加复杂和昂贵，但它将在试验过程中产生更精确的真实仿真，从而在设计、制造和产品全寿命周期中降低成本。

因此，目前市场上可用的组合试验设备类型是 ART/ADT 使用的主要候选设备。

成功开发适当的 ART/ADT 技术需要一个多学科团队来设计和管理该技术在特定产品上的应用。这个团队应该满足以下要求：

（1）团队领导者应该是一个高级管理人员，需要了解这项技术的策略、准确模拟现场情况的原则，并知道团队还需要哪些专业学科的科研人员。

续表

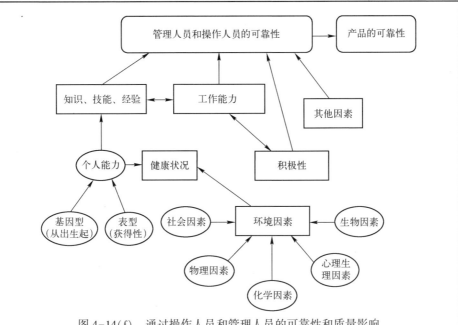

图 4-14(f)　通过操作人员和管理人员的可靠性和质量影响
产品的可靠性、安全性和质量的因素

（2）项目经理必须熟悉 ART/ADT 所需的设计和技术，以指导团队完成相应的流程，并帮助整个团队克服困难。

（3）工程技术人员：

① 执行单位过滤（选择和删除）；

② 进行失效分析；

③ 解决仿真中的化学问题；

④ 解决仿真中的物理问题；

⑤ 预计方法；

⑥ 指导机械、电气、结构和液压问题的控制系统开发、设计、诊断和纠正措施；

⑦ 确定是否需要硬件和软件开发和实施。

（4）人为因素：在模拟时识别并解决人为因素问题。

团队必须与负责设计、制造、营销和销售的部门进行密切联系。

由 SAE 小组委员会 G-11R、可靠性委员会 G-11、可靠性、可维护性、保障性和概率方法委员会共同编写。

4.2.3　可靠性试验的开发和实施（在为国际电工委员会（IEC）、国际标准化组织（ISO）、可靠性和风险（IEC/ISO 联合研究组）工作期间）

在 2001 年左右的年度质量（ASQ）大会上发表演讲之后，国际电工委员会

(IEC)、美国技术咨询小组技术委员会第56届主席约翰·米勒(John Miller)先生邀请列夫·M. 克利亚提斯加入美国技术咨询小组,并作为美国的IEC专家小组代表参加之后的会议。在接受邀请后,列夫·M. 克利亚提斯被列入技术委员会TC-56可靠性和可维护性小组成员。图4-15~图4-20为列夫·M. 克利亚提斯在该委员会和IEC国际会议上工作的照片;技术委员会TC-56可靠性涵盖了所有IEC委员会的能源、电子、电气等特定技术领域。

图4-15　TC-56会议(右二为列夫·M. 克利亚提斯)

北京(中国)IEC国际会议上的部分成员访问了参与电工和电子设备试验的中国国家研究所。在这次会议上,列夫·M. 克利亚提斯获得了中国颁发的奖项,如图4-18所示。

在本次会议和研究所的分析工作中,列夫·M. 克利亚提斯看到了改进电子和电气设备可靠性试验的机会,特别是在实用可靠性和耐久性试验技术领域。

IEC新标准的初稿《设备可靠性试验,实际产品的加速试验》已经编写完成,但在此期间,约翰·米勒先生退休,不再担任美国技术咨询小组主席这个职位,所以这项工作被停止。随后,本标准草案的思想和信息被用作编制一组6个通用标题为"可靠性试验"的SAE国际标准的基础。

由于时间安排和工作量冲突以及美国代表没有收到参会报酬的原因,导致了IEC标准不能及时推进。但是不难发现,这些问题在其他美国和国际标准的推进过程中也常常出现。

IEC技术委员会的一项主要工作是审议各国的提案,并投票决定是否同意将这些提案作为国际公认的标准,同时这些委员会还负责制定新标准。

United States National Committee of the International Electrotechnical Commission

A Committee of the American National Standards Institute

25 West 43rd Street 4ᵗʰ Fl. • New York, NY 10036 • (212)642-4936

FAX. (212)730-1346
(212)302-1286 (Sales Only)

11 October 2002

Mr. Lev Klyatis
Eccol Incorporated
72 Montgomery Street
Jersey City, New Jersey 07302

Subject: Delegate Accreditation Letter

Dear Mr. Klyatis:

The U.S. National Committee of the IEC is pleased to confirm your appointment to the USNC delegation for the announced IEC/TC 56 meeting. An Accreditation and Identification Card is enclosed for your use. Also, a USNC/IEC logo pin will be mailed to you shortly.

As you know, at this meeting you will represent the USNC/IEC. The positions on the technical agenda items will have been determined by the US Technical Advisory Group. Positions on polic and administrative matters should be developed in consultation with the USNC office. This will assure a unified US position at all levels of the IEC organization. For your information also please find the website link to the booklet "Guide for U.S. Delegates to IEC/ISO Meetings."
http://web.ansi.org/public/library/intl_act/default.htm

The USNC is grateful to you and your employer for agreeing to support the voluntary standards system and for your willingness to present US positions to IEC.

Sincerely,

Charles T. Zegers

Charles T. Zegers
General Secretary, USNC/IEC

CTZ:dn

Copy to:　J.A. Miller
　　　　　N.H. Criscimagna
　　　　　E.M. Yandek
　　　　　P.Kopp Ghanam

图 4-16　美国国家 IEC 委员会秘书长关于认可列夫・M. 克利亚提斯
担任 IEC 美国代表的信函

世界上还有其他组织正在发展国际标准化。例如,在国际电工委员会(IEC)成立 40 年后成立的国际标准化组织(ISO)就是一个广为人知的国际标准化组织。这些组织正在为全世界所有类型的设备规划和制定标准。为了协调推进标准化,两个组织都在不同领域建立了联合研究小组。列夫・M. 克利亚提斯是其中一个联合研究小组(风险评估安全方面的 IEC/ISO 联合研究小组)的成员,并担任该小组的 IEC 代表。图 4-19 和图 4-20 为 2004 年在德国法兰克福举行的小组会议的文件。

图 4-17　IEC 技术咨询小组专家列夫·M. 克利亚提斯在悉尼(澳大利亚)会议上

图 4-18　列夫·M. 克利亚提斯博士在 IEC 大会期间接受中国(北京)颁发的奖项

ACOS/JSG-ISO/Klyatis/4

INTERNATIONAL ELECTROTECHINICAL COMMISSION

ACOS/JSG-ISO/Klyatis/4

2004-09-08

ADVISORY COMMITTEE ON SAFETY (ACOS)

Joint Study Group with ISO - Safety Aspects of Risk Assessment

SUBJECT

Summary of publications on risk assessment

BACKGROUND

A summary prepared by L. Klyatis of publications on risk assessment presented with the draft agenda

ACTION

For information and discussion

ACOS/JSG-ISO/Klyatis/4

SAFETY ASPECTS OF RISK ASSESSMENT

September 8, Frankfurt am Main

SUMMARY

1. Assessment of Current Publications in the Area

It was reviewed Standards of 3 international organizations were reviewed: IEC, ISO, and ECSS (European Cooperation for Space Standardization).

A. ISO – 1 standard: ISO 14121 "Safety of Machinery. Principles of Risk Assessment". This was prepared by the European Committee for Standardization (SEN) (as EN 1050:1996) and was adopted by Technical Committee ISO/TC 199 "Safety of Machinery". This consists of 18 pages including title page, foreword, introduction, contents, scope, normative references, terms & definitions, bibliography, one empty page. So, the contents of this standard cover 13 pages, including 6 pages of Annex A (informative) and Annex B (informative).

Assessment results:
1. This standard is for machinery only which is one of many aspects of safety risk. The biological, medical, chemical, food and other aspects are not considered.
2. It includes a small (but not main) fraction of methods for analyzing hazards and estimating risk.
3. Similarly the title directions sometimes do not correspond to IEC and ECSS standards. For example, in the Simulation area in this standard only "...B.5 Fault simulation for control system" which is not essential for safety risk assessment. No less important is the "simulation of dynamic of input influences during service life", "simulation of stress conditions (vibration, environmental conditions, operator's reliability)", and others that are in IEC standards. In ECSS standards there are "dependability analysis", etc.
4. No traffic-crash aspects of risk safety are included.
5. There is no coordination with standards of other standartization organizations.
6. Other possibility may occur.

B. ECSS - Assessed 7 standards: 1. Glossary of Terms, 2. Space Project Management (Risk management), Space Product Assurance (3. Safety, 4. Hazard Analysis, 5. Quality Assurance for Test Centers, 6. Dependability, 7. Software Product Assurance).

Assessment results:
1. Do not take into account current 75 IEC standards in Basic Safety and 57 IEC standards in Dependability.
2. The standard in Dependability (in comparison with 57 IEC standards in Dependability) consists of nothing about techniques of dependability and no examples.
3. In standard Quality Assurance for Test Centers there are no examples.
4. Simularly by the title directions do not correspond to the contents to IEC and ISO standards. See above example (A3).
5. Standards are not coordinated with standards of other standardization organizations

(IEC).

图 4-19   证明列夫·M. 克利亚提斯是 ISO/IEC 联合研究
小组风险评估安全方面专家的文件 1

INTERNATIONAL ELECTROTECHNICAL COMMISSION

	ACOS/JSG-ISO/Sec/7
	2004-10-01

ADVISORY COMMITTEE ON SAFETY (ACOS)

Joint Study Group with ISO – Safety Aspects of Risk Assessment

SUBJECT

Report of the Joint Study Group with ISO meeting held in Frankfurt, Germany on 2004-09-08

1. Participation

Mr. F. Harless	JSG Convenor, IEC TC 44
Mr. G. Alstead	IEC TC 56
Mr. R. Bell	IEC SC 65A
Mr. N. Bischof	IEC TC 62 and SC 62B
Mr. E. Courtin	IEC TC 62
Mr. V. Gasse	IEC TC 108
Mr. H. Huhle	ACOS
Mr. L. Kylatis	IEC TC 56
Mr. I. Rolle	DKE
Mr. S. Rudnik	IEC TC 44
Mr. Y. Sato	IEC TC 56 and SC 65A
Mr. H. von Krosigk	IEC SC 65A
Mr. D. Cloutier	ISO TC 199
Mr. R. David	ISO TC 199
Ms. N. Stacey	ISO TC 199
Mr. M. Casson	Secretary, IEC CO

2. Opening of the meeting – introduction of the delegates

Mr. Harless, the JSG Convenor opened the meeting stressing that it was a Joint Study Group with ISO participation. He noted that there were three delegates from ISO/ TC 199 and that Mr. Courtin also represented ISO/ TC 210. The Secretary was requested to ensure that the report of the meeting is circulated within ISO.

The delegates then introduced themselves giving brief information on their professional activities and their IEC/ ISO affiliations.

Mr. Rolle welcomed the delegates to DKE.

3. Approval of the agenda

Mr. Harless proposed to kick-off the meeting with a presentation and then a round-table discussion should start prior to the lunch break.

The agenda was approved.

4. Presentation – Mr. Harless
Document: ACOS/JSG-ISO/Harless/3

图 4-20　证明列夫·M. 克利亚提斯是 ISO/IEC 联合研究
小组风险评估安全方面专家的文件 2

克利亚提斯博士认为有必要提高电子和电气设备的试验水平,尤其是在实际的可靠性和耐久性试验中,并且克利亚提斯博士还发现了他的想法在 IEC 和 ISO 标准中实施如此重要的原因。

4.3　通过出版物、研讨会、各地专家的网络交流等实施可靠性试验和预计

实施任何的新方法之前,在研究、设计或执行特定工业公司应用中的工程新方法或设备的相关人员必须接受新技术。只有当实施新方法的专业人员完全理

解并致力于开发新技术时,新方法才能成功实施。作者的出版物中介绍了有效的可靠性预计和 ART/ADT(见第 2 章和第 3 章)的策略、方法和创新,然后在工程、物理、数学和其他科学的不同领域实施这些方法。

成功实施新思想和新技术不仅要看新思想或新技术的质量和优势,而且还要注意实施和使用新技术的成本。总成本中不仅需要考虑该技术与现有技术相比的直接成本,还需要考虑它的实施影响整个产品全寿命周期中所有后续流程的成本。

有效地实施 ART,重要的是对 ART 进行成本与收益分析。我们还需要考虑的问题是:与单独模拟每个输入影响的单个试验相比,不同类型输入影响同时组合的试验成本效益是多少?

在这种情况下,设备、方法和进行每项单独试验(如单独的振动试验、腐蚀试验、温湿度试验、尘室试验或输入电压加振动试验)的成本可能比同时模拟上述所有类型的影响组合进行可靠性试验的成本低。

但上文只比较了两种试验方法的直接成本,并没有考虑可能产生的后续成本。试验级别的质量会影响许多后续流程的成本,包括设计、制造、使用、保修和召回以及使用寿命等。例如,不同试验级别的置信水平会影响退货(召回等),产品全寿命周期中安全、质量和可靠性问题的未来变化。在这种情况下,如果不准确地模拟相互作用的现实世界影响,将会导致总体费用增加和产品的经济利润率的降低。

克利亚提斯博士在与许多公司的咨询中获得了经验:当从事振动试验的试验工程师被问及他们在评估什么时,通常的答案是“可靠性”。然而这个答案不是完全正确的,因为产品的可靠性不仅取决于振动。振动只是产品在实际使用中经历的许多机械试验(测试)的一个要素。在现实世界中,机械影响与多环境影响、电气和电子影响等因素共同作用。产品的可靠性(退化过程、失效时间、平均故障间隔时间等)是所有现场输入影响和动作以及人为因素影响的最终结果。如果不考虑所有的因素,就无法有效预计产品的可靠性或其他性能。

由于在试验中模拟了不准确的现场条件,在产品使用过程中,不可预测的事故、产品故障以及可靠性试验中未发现的其他故障可能会导致产品使用过程中成本的增加和未预料到的成本出现。在估算试验成本时,通过退货产生的增量成本、改进设计和制造过程的成本经常被忽略。

在过去的 23 年中,仅汽车行业的产品召回事件便呈现出急剧增加的趋势,导致行业损失达数十亿美元。由此不难看出 ART(或 ADT)实际上比独立的单一影响试验更经济。虽然 ART 等试验在初期的成本可能较高,但它会降低在制造和产品的使用寿命周期内的成本。这些试验后的降低成本很难量化,这是我们需要解决的另一个问题。有关这个问题的详细描述,请参阅例子[1,4-5]。

列夫·M. 克利亚提斯在他的讲座中介绍了他的论文——"关于 ART/ADT 发展的本质",并在他的讲座中进行了讨论(图 4-21),并在 1968 年和 1969 年由联合国欧洲经济委员会讨论并出版(AGRI/MECH/43)。联合国还于 1970 年在纽约发表了一篇论文"农业机械加速试验"(图 4-22)。

图 4-21　列夫·M. 克利亚提斯博士在他为可靠性试验和预计专业
人员所做的讲座上(拉脱维亚,1974)

1989 年,苏联政府在这项工作的基础上组建了一个工程中心,随后又组建了国营企业泰斯莫什,以便在国内其他公司广泛实施 ART/ADT 方法。这些方法利用了列夫·M. 克利亚提斯的思想、研究成果和在可靠性试验和有效的可靠性预计方面的创新。

列夫·M. 克利亚提斯也是苏联驻美苏贸易经济委员会的代表,该委员会由美国和苏联政府联合创建,旨在促进两国之间的合作。1989 年在纽约举行的理事会会议上,各国分别做了两次专题介绍。列夫·M. 克利亚提斯进行了其中一个的专题演讲,介绍了开发和实施 ART/ADT 和可靠性预计的泰斯莫什的解决方案。

在美苏贸易和经济委员会的会议上进行演讲之后,许多美国公司的高管都与列夫·M. 克利亚提斯进行了会面。他们对列夫·M. 克利亚提斯的方法进行讨论和研究,想要寻找使用现代技术发展可靠性试验和预计的方法。斯特普托(Steptoe)和约翰逊(Johnson)两家公司对列夫·M. 克利亚提斯的方法十分感兴趣,在会面中表示想将泰斯莫什公司的方法应用到美国公司。

AGRI/MECH/43

ECONOMIC COMMISSION FOR EUROPE

AGRICULTURAL MECHANIZATION

ACCELERATED TESTING OF AGRICULTURAL MACHINERY

A. Kononenko and L. Klyatis
(USSR)

UNITED NATIONS
New York, 1970

AGRI/MECH,
page 19-

6.　Physical modelling of the conditions of operation of agricultural machines,
reproducing the complete range of operational stress schedules

　　In the accelerated testing of agricultural machines it i.. not always possible
make a sufficiently accurate evaluation of their reliability or of the change whic
takes place in their economic performance from beginning to end of their service l

　　This is because the accelerated testing technique described above reproduces
severest stress schedule to be met with under operating conditions; the service li
of components which fail and the costs incurred in restoring machines to working c
differ from those found in field operation.　Attempts made to devise reliable and
sufficiently accurate factors for converting the results of accelerated tests to. 1
figures which would be obtained in normal field operation have as yet met with no
success.

　　However, there is another possible method of accelerated testing, based on tl
principle of reproducing the complete range of operating schedules and maintainin;
proportion of heavy to light loads.

　　This method has the following potential advantages:

　　One net hour of work performed by the machine with a faithfully reproduced st
schedule is identical in destructive effect with one net hour of work done ur
normal operating conditions;

　　Because of this, there is no need to force the pace of testing in terms of tl
size and proportion of stresses, and consequently no need to work out
acceleration factors;

　　The technical and economic performance figures needed to evaluate the machine
be determined at any time in the course of operation, without needing conver:

　　Despite the complexity of this method of accelerated testing, the present sta
of the art renders it feasible in principle.

　　Research into such a technique has been in progress in the USSR for some yea:
A theory for the construction of physical models simulating the working condition
agricultural machines is being evolved, and rigs and climate rooms are being desi;
for the appropriate tests.

　　The new technique is based on the following considerations.　The stress sched
to which a machine is subjected are one of the main factors characterizing its
operation.　It is necessary to reproduce, not the maximum stresses alone, but the

图 4-22　列夫·M. 克利亚提斯博士为联合国撰写的论文的封面和第 6 章的第一页

列夫·M. 克利亚提斯在纽约完成本次演讲后，收到了卡玛兹公司（俄罗斯）董事长贝克（N. Bekh）先生关于在卡玛兹公司实施泰斯莫什公司开发系统的提案，包括研究、设计、制造和维护系统。卡玛兹是苏联汽车工业中设计和制造卡车的最大公司之一。当时，卡玛兹公司雇用了超过 10 万名员工，主要在苏联和一些东欧或其他国家销售其产品，但是卡玛兹公司想在更发达的西欧、美洲、亚洲等其他地区扩展他们的业务。作为进军西方市场的一部分，卡玛兹公司与美国康明斯公司达成协议，在此协议中康明斯公司将在苏联为他们建立一个专门的工厂，用于生产康明斯公司的发动机。他们计划使用泰斯莫什公司的技术来提高产品的可靠性、安全性、耐久性、可维护性及利润，降低全寿命周期成本，并通过提高其产品在世界市场上的竞争力来解决进军西方市场的其他问题。

在返回莫斯科后，克利亚提斯博士从苏联汽车和农机部的人员处获悉，贝克先生也是苏联总统戈尔巴乔夫（M. S. Gorbachov）先生的经济顾问。

贝克先生和卡玛兹公司的总经理巴甫洛夫（Paslov）先生阅读了列夫·M. 克利亚提斯的书籍，深入了解了产品性能的有效预计对他们公司成功的意义。于是他们准备为此项目投入数百万美元，并了解到这项投资将使公司的经济效益翻倍。这与他在许多美国和日本公司（如本书所述）的管理经验形成了鲜明对比，这些公司无法深入理解有效的可靠性预计所带来的好处。因此，他们不愿意接受可靠性和耐久性试验的新想法和新方法，更不相信这些方法将会为他们的公司带来潜在的经济利益。

最后，卡玛兹公司和泰斯莫什公司签订了一份合同，其中包括了与可靠性试验与预计实施相关的所有要求和相关国家支付泰斯莫什公司专利费用的条款。根据这份合同，泰斯莫什公司开始按照卡玛兹公司的要求设计和实现有关产品性能有效预计的解决方案。最后，根据克利亚提斯博士推荐的解决方法，研究人员专门设计了一种用于物理模拟多环境影响的新设备，该设备被放置在了一个大型试验室，其中包括一个能够试验完整三轴卡车振动设备。

随着泰斯莫什公司开发的新技术和方法的广泛实施，苏联期刊《牵引机（拖拉机）和农业机械》（*Tractors and Farm Machinery*）[6] 发表了与列夫·M. 克利亚提斯的访谈内容，其中讨论了列夫·M. 克利亚提博士被苏联政府任命为苏联最先进的工业研究中心泰斯莫什公司的主席的原因，该研究中心旨在解决工业上关于预计产品性能等问题，以及研究泰斯莫什公司开发的技术和方法在苏联产业发展中的作用[6]。本次访谈中提出的基本思想、概念和所开发的方法现在都是经过实践检验的，并且可以在未来继续实施。本次访谈还介绍了新的战略和方法、泰斯莫什公司正在开发的具体试验设备和 20 世纪 90 年代在苏联通过泰斯莫什公司开发的规范，其中大部分内容现在仍在使用，并在世界各地的发达国家被继续推进。这次访谈的第一页(俄文)如图 4-23 所示。在举行了多次 SAE 世界大会之后,与会的专业人员进行了会谈,他们了解这一新方向在有效预计产品可靠性方面的重要作用。例如,戴姆勒-克莱斯勒集团质量和试验高级经理理查德・鲁迪(Richard Rudy)先生说,他认为这种新方法非常有趣,可能对其他行业也有帮助,他愿意为这些方法的实施提出极好的建议或评论。理查德・鲁迪先生多年来一直担任 SAE 国际董事会年度可靠性和可维护性研讨会的代表,并在底特律的年度 SAE 世界大会上以"集成设计与制造(IDM)"的报告担任一组技术会议的执行委员会代表。

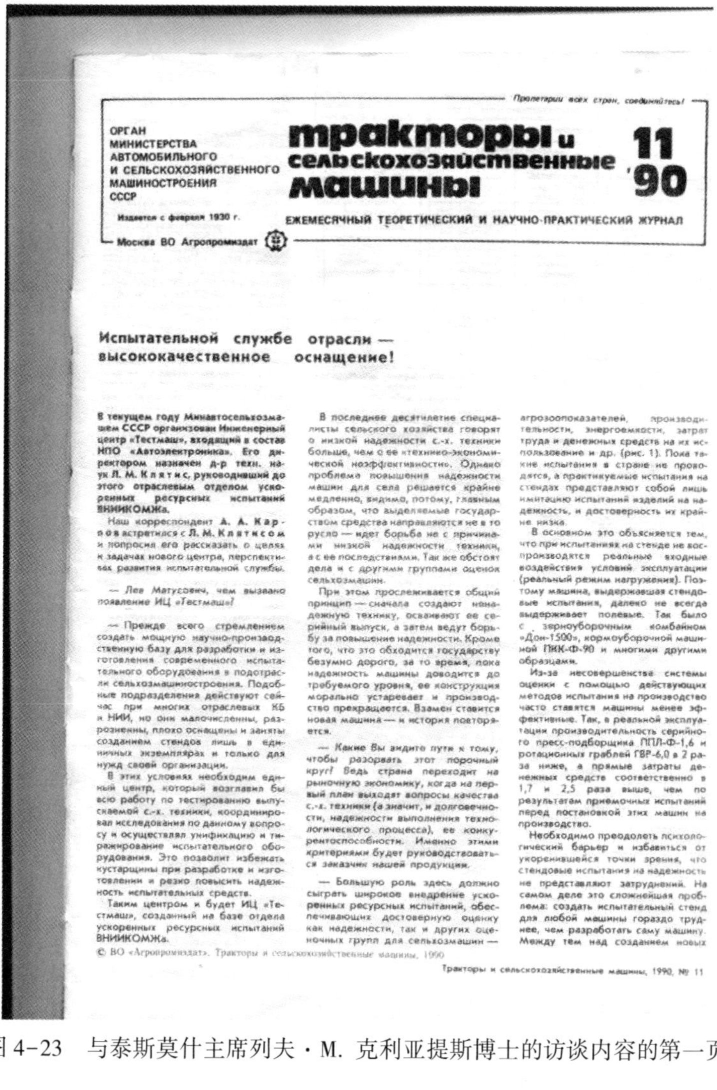

Пролетарии всех стран, соединяйтесь!

ОРГАН МИНИСТЕРСТВА АВТОМОБИЛЬНОГО И СЕЛЬСКОХОЗЯЙСТВЕННОГО МАШИНОСТРОЕНИЯ СССР

Издается с февраля 1930 г.

Москва ВО Агропромиздат

тракторы и сельскохозяйственные машины

11 '90

ЕЖЕМЕСЯЧНЫЙ ТЕОРЕТИЧЕСКИЙ И НАУЧНО-ПРАКТИЧЕСКИЙ ЖУРНАЛ

Испытательной службе отрасли — высококачественное оснащение!

В текущем году Минавтосельхозмашем СССР организован Инженерный центр «Тестмаш», входящий в состав НПО «Автоэлектроника». Его директором назначен д-р техн. наук Л. М. Клятис, руководивший до этого отраслевым отделом ускоренных ресурсных испытаний ВНИИКОМЖа.

Наш корреспондент **А. А. Карпов** встретился с **Л. М. Клятисом** и попросил его рассказать о целях и задачах нового центра, перспективах развития испытательной службы.

— Лев Матусович, чем вызвано появление ИЦ «Тестмаш»?

— Прежде всего стремлением создать мощную научно-производственную базу для разработки и изготовления современного испытательного оборудования в подотрасли сельхозмашиностроения. Подобные подразделения действуют сейчас при многих отраслевых КБ и НИИ, но они малочисленны, разрознены, плохо оснащены и заняты созданием стендов лишь в единичных экземплярах и только для нужд своей организации.

В этих условиях необходим единый центр, который возглавил бы всю работу по тестированию выпускаемой с.-х. техники, координировал исследования по данному вопросу и осуществлял унификацию и тиражирование испытательного оборудования. Это позволит избежать кустарщины при разработке и изготовлении и резко повысить надежность испытательных средств.

Таким центром и будет ИЦ «Тестмаш», созданный на базе отдела ускоренных ресурсных испытаний ВНИИКОМЖа.

В последнее десятилетие специалисты сельского хозяйства говорят о низкой надежности с.-х. техники больше, чем о ее «технико-экономической неэффективности». Однако проблема повышения надежности машин для села решается крайне медленно, видимо, потому, главным образом, что выделяемые государством средства направляются не в то русло — идет борьба не с причинами низкой надежности техники, а с ее последствиями. Так же обстоят дела и с другими группами оценок сельхозмашин.

При этом прослеживается общий принцип — сначала создают ненадежную технику, осваивают ее серийный выпуск, а затем ведут борьбу за повышение надежности. Кроме того, что это обходится государству безумно дорого, за то время, пока надежность машины доводится до требуемого уровня, ее конструкция морально устаревает и производство прекращается. Взамен ставится новая машина — и история повторяется.

— Какие Вы видите пути к тому, чтобы разорвать этот порочный круг? Ведь страна переходит на рыночную экономику, когда на первый план выходят вопросы качества с.-х. техники (а значит, и долговечности, надежности выполнения технологического процесса), ее конкурентоспособности. Именно этими критериями будет руководствоваться заказчик нашей продукции.

— Большую роль здесь должно сыграть широкое внедрение ускоренных ресурсных испытаний, обеспечивающих достоверную оценку как надежности, так и других оценочных групп для сельхозмашин — агрозоопоказателей, производительности, энергоемкости, затрат труда и денежных средств на их использование и др. (рис. 1). Пока такие испытания в стране не проводятся, а практикуемые испытания на стендах представляют собой лишь имитацию испытаний изделий на надежность, и достоверность их крайне низка.

В основном это объясняется тем, что при испытаниях на стенде не воспроизводятся реальные входные воздействия условий эксплуатации (реальный режим нагружения). Поэтому машина, выдержавшая стендовые испытания, далеко не всегда выдерживает полевые. Так было с зерноуборочным комбайном «Дон-1500», кормоуборочной машиной ПКК-Ф-90 и многими другими образцами.

Из-за несовершенства системы оценки с помощью действующих методов испытания на производство часто ставятся машины менее эффективные. Так, в реальной эксплуатации производительность серийного пресс-подборщика ППЛ-Ф-1,6 и ротационных граблей ГВР-6,0 в 2 раза ниже, а прямые затраты денежных средств соответственно в 1,7 и 2,5 раза выше, чем по результатам приемочных испытаний перед постановкой этих машин на производство.

Необходимо преодолеть психологический барьер и избавиться от укоренившейся точки зрения, что стендовые испытания на надежность не представляют затруднений. На самом деле это сложнейшая проблема: создать испытательный стенд для любой машины гораздо труднее, чем разработать саму машину. Между тем над созданием новых

© ВО «Агропромиздат». Тракторы и сельскохозяйственные машины, 1990

Тракторы и сельскохозяйственные машины, 1990, № 11

图 4-23　与泰斯莫什主席列夫・M. 克利亚提斯博士的访谈内容的第一页

克利亚提斯教授在 ASAE 国际会议、RAMS 和 ASQ 大会上的演讲中开始巩固其在美国进行可靠性预计和试验的想法、策略和实施方法。为了获得参加这些会议的费用,他开始工作,依靠运送新鲜鱼类来赚钱(图 4-24)。

图 4-24　克利亚提斯博士在美国的第一份工作:送鱼工

当爱思唯尔(Elsevier)出版社在英国出版列夫·M. 克利亚提斯的第二本英文专著《加速质量和可靠性解决方案》(*Accelerated Quality and Reliability Solutions*)时,理查德·鲁迪为其撰写了书评,该书评于 2006 年 9 月在英国《全面质量管理和商业卓越》(*Total Quality Management and Business Excellence*)期刊上发表(图 4-25)。几年后,当他们在底特律举行的另一次 SAE 世界大会上会面时,理查德描述了在第一次会议之后,他向戴姆勒–克莱斯勒的管理层提议邀请列夫·M. 克利亚提斯作为其公司的顾问,他还强调这将会帮助公司提高产品的可靠性并描述了原因。但在与副总裁讨论之后,他却得知公司现在没有可用的职位或资金来留住列夫·M. 克利亚提斯。理查德·鲁迪还为列夫·M. 克利亚提斯撰写了2012 年由威立出版社出版的《加速可靠性和耐久性试验技术》一书的评论。

列夫·M. 克利亚提斯从 1993 年在美国开始他的生活,他很快就明白,可靠性预计和可靠性试验领域的许多专业人士还没有准备好学习和使用他的书《有效的加速试验》(Mir Collection,New York,2002)中介绍的方法。因此,他开发了一种逐步实现其解决方案的方法。该方法首先关注的是初始步骤:先对现场条件进行精确的物理仿真,随后才能进行精确的加速试验。这样的方法获得了大多数人的认同。

Total Quality Management
Vol. 17, No. 7, 959–960, September 2006

Routledge
Taylor & Francis Group

Book Review

Accelerated Quality and Reliability Solutions

Lev M. Kylatis & Eugene L. Klyatis.
Oxford, Elsevier, 2006, ISBN 0-08-044924-7, 544 pp. US$150/€136.

A new and very useful book on accelerated reliability testing is now available from Elsevier. The book focuses on the accurate depiction of field influences on a product's performance and how to simulate these in a laboratory environment. Whereas most books on accelerated testing concentrate on the mathematical aspects of analyzing the data, this book details how to develop the test to accurately reflect field usage, then how to duplicate this usage in actual laboratory testing. This information is sorely needed in industry today because of the need to design and develop high reliability components and systems in an ever-shorter time span in order to get the product to the marketplace before the competition.

Many companies today still rely on the test-analyze-test method to 'grow' reliability. There is much literature still being written on the outdated concept of reliability growth. It is still not generally recognized that a robust design, i.e. a design whose performance is insensitive to the variation in environments and usage conditions of the customer, must be developed with the initial design. Thus, there is one and only one chance to test the design in a representative, accelerated fashion to prove high reliability. Dr and Mr Klyatis's book provides valuable information on the how-to side of analyzing the inputs to identify the right factors that influence reliability, and then developing the accelerated test that duplicates those factors influence in the laboratory test.

The book is divided into five chapters. Chapter 1 details the strategy for developing an accurate physical representation of the influence of various field inputs. It reviews how to obtain accurate information from field, then selecting a representative input region to assure accurate field conditions in the test. It discusses the influence of climate on reliability, looking specifically at the influences of solar radiation, temperature, fluctuations of daily and yearly as temperatures, humidity rain, wind speed, and other atmospheric phenomena. The authors then show how each of these factors affects reliability of the products. The final section of chapter 1 details how to simulate these particular influences on the product using wherever necessary artificial media for these natural phenomena.

Chapter 2 deals with developing the specific accelerated reliability test for the products. It contains a detailed eleven-step process to develop the test, starting with collection of the field information and ending with using the results of the test for rapid, cost-effective improvements. It then discusses acceleration methods for solar radiation, chemical destruction, weathering, corrosion and vibration.

Chapter 3 show how to make useful reliability, durability, and maintainability predictions from the results of these accelerated reliability tests. The authors first review the mathematical basis for being able to predict from the results of accelerated testing. They then discuss the development of techniques to predict reliability without finding the analytic or graphical form of the failure distribution. This is followed by predictions using mathematical models with dependence between reliability and factors from the field and manufacturing. The chapter concludes with discussions on simple and multi-variate Weibull analysis, durability predictions, and predictions of optimal maintenance intervals and spare parts usage.

Chapter 4 expands from accelerated reliability testing to the use of accelerated methods for quality improvement and improvements in manufacturing. It reviews basic quality concepts, then shows how to use these in accelerated manufacturing improvement and design of manufacturing

1478-3363 Print/1478-3371 Online/06/070959-2 © 2006 Taylor & Francis
DOI: 10.1080/14783360600958120

equipment. It then shows how to find those manufacturing factors that influence product quality and how to use them to improve product design.

Chapter 5 deals with the basic concepts of safety and risk assessment. It covers estimating risk; evaluating risk; performing hazard analysis; and managing risk. The chapter concludes with an introduction to human factors.

This book is an excellent reference text on accelerated testing. The book is of great benefit of the design engineer level. It covers in detail the many aspects of designing and developing an accelerated reliability testing not heretofore found in other texts. The only thing would have made this book even more valuable would have been the addition of problems at the end of each major section so that it could be used as a college-level textbook for engineers. Still, the book is an excellent addition to the library of every design engineer seeking to improve his/her design expertise.

Richard J. Rudy
Senior Manager, Product & Process Integrity (retired)
DaimlerChrysler Corporation

图 4-25　发表在《全面质量管理和商业卓越》杂志上的评论，
英国泰勒-弗朗西斯出版社(Taylor & Francis Group)，第 17 卷，第 7 期，2006 年 9 月

这就是为什么列夫·M.克利亚提斯早期在美国的大部分时间里,他的演讲都集中在准确模拟现场条件需要上的原因。因为很多工业公司的研究中心没有准确地模拟现场条件,导致了试验结果常常不同于现场(真实世界)的结果。

克利亚提斯博士的第二本书中介绍的内容要复杂得多,它展示了实际可靠性和质量问题的解决方案。2004年左右,在底特律举行的SAE世界大会上发表演讲后,一位与会者问他:"你有协作的经验吗?"他回答:"当然!"紧接着这位与会者问:"你有兴趣为爱思唯尔出版社出版一本关于你的质量和可靠性理论和策略的书吗?"克利亚提斯博士得知爱思唯尔出版社是一家世界级的大型出版商后,他立即回答说"是的,当然愿意!"随后与会人员向他介绍了书籍出版的过程,一旦他在英国收到完整的书籍建议书,他们就会把这本书的建议书寄给评审人员,如果评审通过,他们就会和作者签署有关书籍出版的协议。

2005年12月,爱思唯尔出版社出版了《加速质量和可靠性解决方案》一书[5]。这本书共有514页。尤金·L.K.森(L. K. son, Eugene)是这本书的合著者,尤金曾在一家大型工业公司担任质量经理,他编写了这本书中与质量改进有关的章节,并协助编写了另一章。《加速质量和可靠性解决方案》一书在世界各地的图书馆都可查阅,而且有许多关于本书的已出版的引文和评论。列夫·M.克利亚提斯自移居美国以后的第三本英文书的故事背景也很有趣。2008年左右,在底特律举行的SAE世界大会上,克利亚提斯博士的演讲问答环节中,一位与会者向他提出了问题:"我从事耐久性试验相关的工作,我找过关于如何进行这种试验的文献,但我只找到了论文、期刊文章和书籍,其中所有信息都是关于耐久性试验的,但没有关于如何进行耐久性或可靠性试验的信息。我需要这个试验的技术信息,您可以推荐一些参考资料吗?"

列夫·M.克利亚提斯回答说:"你是对的,目前,关于如何做到这一点还没有太多的文献发表。所以,很快我将准备一本关于可靠性和耐久性试验技术的新书,请等待我的新书出版。"这个问题和出版这一主题的书籍的需要促使克利亚提斯博士编写了他的第三本书。他知道这本书将会解决有关可靠性和耐久性试验的问题,并将提出适用于全世界的方案。这本书的出版需要一个可以吸引世界各地的读者的出版商。克利亚提斯博士记得他几年前在纽约曼哈顿看到了一个带有大字母WILEY(威立)的建筑,多年来他一直梦想着有朝一日自己将会有一本由威立出版公司出版的书。因此,他决定先把这本书的提纲送到威立出版公司,看看他们是否有兴趣出版它。

虽然这本书的编写困难重重,但它的出版可以为这一领域的研究人员提供一个有用的工具,我们在互联网上进行搜索时可以知道这本书在业界被广泛使用。然而,这样的搜索并不包括所有的参考文献,但是我们可以看到专业人员正在世界各地的工业和科学领域使用这本书[1]。

这本书(图 4-26)反映了列夫·M. 克利亚提斯为提供先进可靠性试验而采取的循序渐进(逐步)的策略和实用技术[1],而之前出版的书籍主要描述了他在有效预计产品可靠性方面的新方向所做的基本工作,并强调了部件的基本互联—质量、可维护性、保障性、安全性、人为因素、全寿命周期成本、召回等。

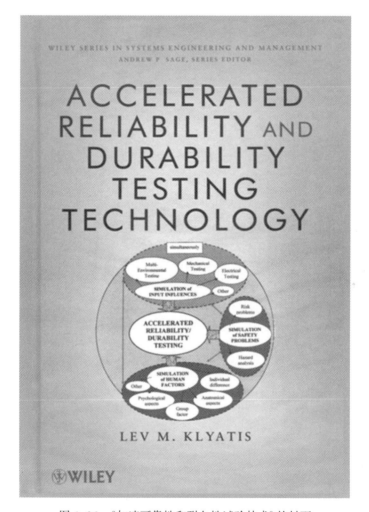

图 4-26 《加速可靠性和耐久性试验技术》的封面

这些理论和方法的实际应用的例子涉及他与日产公司的合作。在底特律举行的 2008 年 SAE 世界大会上,日产技术中心代表阿里卡巴斯(Ali Karbassian)

先生和小川富明(Tetsufumi Katakami)先生出席了"日产加速卡车底盘耐久性试验"的演讲(该论文随后于2009年8月在SAE杂志《国际汽车工程》(*Automotive Engineering International*)上发表),克利亚提斯博士向管理层解释,自己所提供的实例有力地证明了公司中不同部门之间没有足够的互联,为了提高可靠性和耐久性试验,需要调整公司部门之间的交互。随后日产公司的中层和高层管理人员采用了克利亚提斯博士的ART/ADT方法。值得注意的是,这种情况并不是日产公司所独有的,在许多其他小型、中型和大型企业中都可以发现,不仅在汽车领域,还有许多其他行业领域中都存在类似情况。

在克利亚提斯博士与在质量和可靠性领域工作的波音公司研究员丹·菲茨西蒙斯(Dan Fitzsimons)会面时,也发生了类似的事件。列夫·M.克利亚提斯在华盛顿特区为SAE G-11部门成员进行演讲之后,丹·菲茨西蒙斯与他进行讨论并认同大型公司不同工程领域之间缺乏充分互动是可靠性预计和有效性不充分的主要因素。

克利亚提斯博士抵达美国后出版的前三本书提供了对其预计方法要素的基本理解和有效性。这3本书准备了以上相关内容,可以使读者了解使用交互组件—质量、安全、可靠性、耐久性、可维护性、支持性、全寿命周期成本、利润等有效地预计产品性能的完整概念和策略。这3本书为克利亚提斯博士在这个方向撰写第4本书提供了基础[4]。第4本书由一个大型工程学会出版,因为该学会的成员是超过100000名对可靠性预计方面感兴趣的专业人士,这些人将是这本书中的主要受益者。这个大型工程学会还将通过在社会杂志、期刊和网站上传播有关其出版物的信息来为其提供市场价值。

因此,列夫·M.克利亚提斯联系了国际汽车工程师学会(SAE International),他们在收到对其图书提纲的好评后,发表了一些评论并向出版社推荐出版这本书。《产品性能有效预计》一书于2016年年底出版,为如何在不同行业领域有效预计产品性能(包括可靠性)提供了指导。然而,列夫·M.克利亚提斯没有考虑到的是,SAE的市场营销没有直接联系学会成员,他们并不清楚关于新出版物的信息,因此,许多本来将从这本书中受益的SAE成员并不知道可以购得此书。

RMS(可靠性、可维护性、保障性)合作机构创建于2000年,是美国国防部(DoD)的一个组织,它也参与了可靠性试验和预计的实施。RMS合作机构掌握的文献资料包括克利亚提斯博士在有组织的会议上的教程、演示文稿和在可靠性、可维护性和系统工程期刊上发表的文章,他们还发表了对克利亚提斯博士的书籍的评论。

美国国防部、交通运输部和工业部于2012年组织了一个题为"提高地面车辆可靠性和安全性的最佳成本路线图"的研讨会(参见图 4-27 中一部分计划)。列夫·M. 克利亚提斯应邀担任导师和演讲人,与其他几位发言人一起进行了两次演讲。该研讨会于 2012 年 9 月 19 日至 20 日在弗吉尼亚州斯普林菲尔德举行,参与的组织和公司包括美国国家公路安全管理局(NHTSA)沃尔佩(Volpe)中心车辆研究部、本田汽车公司、雷声公司综合防御系统主动安全工程部、阿拉巴马大学、瑞蓝公司、阿利翁(Alion)科学技术公司、国防部长办公室等。本次研讨会为研讨本书中提出的可靠性试验和预计的思想、方法和技术的实施提供了平台和机会,并向高水平专业人员传播了列夫·M. 克利亚提斯战略和策略。

以最佳成本提高地面车辆可靠性和安全性的路线图

2012 年 9 月 19—20 日

沃特福德会议中心,弗吉尼亚州斯普林菲尔德

参与的组织:美国陆军、美国国家公路交通安全管理局(NHTSA)、沃尔佩(Volpe)中心、车辆研究部;本田汽车公司;主动安全工程部、雷声公司综合防御系统部;阿拉巴马大学;瑞蓝公司;阿利翁(Alion)科学技术公司;国防部长办公室等。

主讲人简介

5:30-6:15

可靠性测试和可靠性与安全的准确预测教程

讲师:列夫·M. 克利亚提斯博士
会议室
www.rmspartnership.org/upload/sept rmsp workshop.pdf

2012 年 9 月 19 日,第一天日程安排

8:15—9:00	注册和茶点时间	社交机会
9:00—9:10	会议简介	RMS 公司主席,罗素·瓦坎特(Russell Vacante)博士
9:10—9:40	开幕主题演讲(交通部)	美国国家公路交通安全管理局局长,戴维·L. 斯特里克兰(David L. Strickland)先生
9:40—10:10	保持最佳状态	雷声公司,业务执行高级总监,沃尔特·B. 马森堡(Walter B. Masenburg)先生
10:10—10:20	休息	休息区
10:20—11:20	开幕主题演讲(国防部)	国防部长助理(采购),国防部长办公室(采购、技术和后勤),卡特里娜·麦克法兰(Katrina McFarland)女士
11:20—12:00	地形粗糙度和悬架能力——提高可靠性的关键	内华达州汽车测试中心项目经理,布雷特·霍拉切克(Bret Horachek)先生
12:00—12:45	午餐	休息区

12:45—14:00	第一组:地面运输系统的未来展望	美国新泽西州陆军皮卡蒂尼兵工厂,武器研究、开发和工程中心,质量工程与系统保障总监,武器、火控与软件质量、可靠性、安全工程负责人,梅尔文·梅尔·唐斯(Melvin Mel Downes)先生 RVT-90 Volpe公司,高级运输技术中心总监,加里·里特(Gary Riter)先生 美国陆军坦克汽车公司(TARDEC),战术车辆研究、研发工程中心,罗伯特·韦德(Robert E. Wid)先生
14:00—14:30	早期测试和评估对可靠性和成本的影响	通用动力陆地系统工程开发和技术高级总监,约翰·保尔森(John Paulson)先生
14:30—15:25	第二组:技术创新(新技术对地面车辆可靠性,安全性和成本的影响)	Calspan公司测试运营副总,约瑟夫·邓洛普(Joseph Dunlop)先生 马里兰州阿伯丁美国陆军测试中心汽车局局长,特雷西·V.谢泼德(Tracy V. Sheppard)先生 国防部副部长助理,格雷格·基尔兴斯坦(Greg Kilchenstein)先生
15:25—15:35	休息	休息区
15:35—16:05	地面系统可靠性	美国陆军坦克汽车研究、开发和工程中心(TARDEC),首席科学家大卫·戈尔希奇(David Gorsich)博士
16:05—17:30	第3组:地面车辆的可靠性和安全标准	任务保证标准工作组委员会经理,詹姆斯·弗伦奇(James French)先生 SolaR公司高级顾问,列夫·克利亚提斯博士 国家公路交通安全管理局,规则制定助理,克里斯托弗·J.波南蒂(Christopher J. Bonanti)先生 H&H环境系统公司,可靠性顾问,克里斯·彼得森(Chris Peterson)先生
17:30—18:15	可靠性测试和可靠性与安全的准确预测教程	讲师:列夫·M.克利亚提斯博士,各种会议的所有地点
18:15—19:30	联谊会	RMS公司和赞助商主持

图4-27　国防部、交通部和工业部研讨会的第一天计划

　　SAE国际年度世界大会暨展览会号称是世界上最大的针对所有的迁移工程和技术领域的会议,每年都在密歇根州底特律的科博会展中心召开。每年有1.1万~1.2万名来自不同国家的专业人士参加,与会者主要是来自许多不同领域的移动工程的专业人员,包括汽车、航空航天、交通运输、农业机械、电气、电子等。虽然与会者主要是工程师,但这些行业的各级管理人员都参加了会议。每年大会的论文都由SAE出版。大会活动指南通常为220~250页,包括一般信息、特殊活动和交流机会、乘车和驾驶、管理计划、专家座谈会、100多个技术会议、委员会工作组和董事会会议、奖励和表彰、研讨会、展览目录等重要信息。《2013年SAE世界大会活动指南》包含了关于克利亚提斯博士在有效预计产品

可靠性方面的成就,包括专家会议[7]的谈话内容。自 2012 年以来,克利亚提斯博士一直担任技术会议"IDM300 加速可靠性和耐久性试验技术的发展趋势"的主席和联合组织者,这是他在该领域工作的直接成果(图 4-28)。

图 4-28　"IDM300 加速可靠性和耐久性试验技术的发展趋势"会议主席——
列夫·M. 克利亚提斯在 SAE 2014 世界大会上,介绍来自日本
亚特科有限公司(Jatko Ltd)的一位演讲者

　　通常,各个机构都会举办世界大会、RAMS、质量大会等类似的会议,包括组织参观附近的主要工业公司等活动。列夫·M. 克利亚提斯从这些会议和活动中得出的一个令人惊讶的结论:冷王公司、洛克希德·马丁公司、波音公司等高科技的大型公司仍在进行(并继续使用)单独的振动试验、温度/湿度试验、仅对实验室中的组件进行的化学污染试验、一次只模拟单个元件的简单退化的腐蚀试验。从中可以看出,这些公司仍然不了解有效预计产品性能的必要条件。随后,冷王公司的质量总监邀请克利亚提斯博士帮助其公司提高产品可靠性,克利亚提斯博士同意与他们进行协商,帮助他们提高技术人员的专业知识和设备的耐久性,并协助他们开展更有效的可靠性试验,更详细的实施工作见文献[1,4-5]。列夫·M. 克利亚提斯与 SAE G-11 航空航天标准化专家在访问美国航空航天局兰利研究中心期间也观察到类似情况,同样在丹佛 ASQ 大会期间访问的洛克希德·马丁公司以及许多其他工业公司也存在上述情况。通过参观访问,克利亚提斯惊讶地发现这些公司在设计和制造过程中几乎没有实施可靠性和耐久性试验。虽然在过去几年中,他没有机会访问这些公司,但从他们介绍中可以明显看出,试验的实施过程进展非常缓慢。例如,在主要包含了有关飞行试验信息的

杂志——《国际航空航天试验》中,居然还可以找到有关风洞试验或某些部件振动试验的文章,或有关传感器和其他试验细节的文章。在 2015 年 6 月版上出现了这样一篇文章——"新一代的试验",这篇文章介绍一种用于振动试验机的水平振动器。但专业人士都知道,水平振动器不能准确模拟试验对象的真实振动,尤其是在移动机械应用中。虽然这项技术已经使用了 100 多年,但由于移动机械的动态性,导致了它不能用于有效的可靠性或耐久性试验。因此,水平振动器不能为有效的可靠性预计提供必要的信息。新思想和技术的有效实施不仅取决于思想和技术本身的优势,还必须考虑它可能带来的好处,即在产品的后续流程中为组织机构节省的费用。

我们可以看到,在世界各地的先进研究中心都在构建包含多个变量的新试验室。加拿大开发了一个这样的试验室(图 4-29 和图 4-30),在作者编写的《产品性能的有效预计》(图 4-31)一书中有更详细的描述[4]。对这一问题的详细描述和示例可以在作者的其他书籍中找到[8-10]。

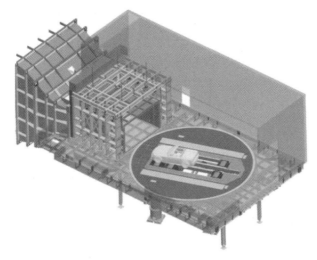

图 4-29　驾驶试验室系统(加拿大多伦多大学高级卓越中心)

列夫·M. 克利亚提斯博士还参加了为期 5 年的年度可靠性和可维护性研讨会(图 4-32)和数个 IEEE 研讨会(图 4-33~图 4-35),并提供了口头和书面报告。这些活动包括与来自不同国家的专业人士讨论试验中的问题和有效预计可靠性的新想法,以及研讨 ART/ADT 整体概念和策略对有效的可靠性预计的重要性和有效性不被一些组织所了解的情况。因此,这些演讲中的许多内容只与有效预计产品的方法要素有关,仿真方法、可靠性试验和预计的完整开发将在之后的会议中进行讨论。

ANSWER TO INVITATION FOR SAE 2016 WORLD CONGRESS PRESENTATION

**Hi Lev,
I spoke to the Director at ACE. We are currently not working too much in reliability. This will change in the future however as we are going in this direction. We won't have anything for September 1st,but please keep us updated for future opportunities.
Thanks,**

Colin, ACE Marketing Manager, (2015)

图 4-30　ACE(加拿大)对列夫·M. 克利亚提斯邀请其在 SAE 世界大会上介绍 ACE 解决方案的电子邮件回复

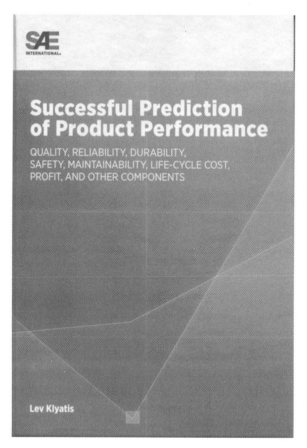

图 4-31　SAE 出版的《产品性能的有效预计》图书封面

137

图 4-32　RAMS 的主持人列夫·M. 克利亚提斯,保罗·帕克担任技术会议的主席

图 4-33　IEEE 加速应力试验研讨会的主持人列夫·M. 克利亚提斯
(加利福尼亚州帕萨迪纳市,1998)

　　2002 年 1 月举行的年度 RAMS(产品质量和完整性国际研讨会)上的讲座“建立加速腐蚀试验条件”是克利亚提斯博士最受欢迎的讲座之一。这次演讲在一间大型的会议室中进行,演讲结束后,许多来自工业公司的专业人士想与克利亚提斯博士讨论如何在他们的组织机构中实施这种新的腐蚀试验方法等问题。作者建议他们先对汽车、农业机械和其他工业领域(整机和部件)等复杂产品实施先进的腐蚀试验方法,从而考虑到所有可能导致部件和保护膜损坏的因素。这一步十分重要,因为许多产品的退化都与机械磨损或太阳辐射有直接关系。因此,讲座阐述了作为 ART/ADT 要素的加速腐蚀试验的要点。

SPECIFICS OF ACCELERATED
RELIABILITY TESTING

♦ LEV KLYATIS

♦ Habilitated Dr.-Ing., Sc.D., PhD

♦ Professor Emeritus

Lev Klyatios　　ASTR 2009 Oct 7 – Oct 9, Jersey City, NJ　　Abbreviated Title Page 1
July 9, 2016

图 4-34　2009 年 IEEE ASTR 研讨会中的演示文稿的标题页

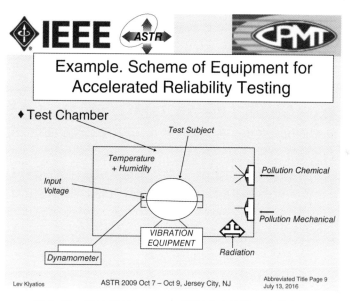

图 4-35　2009 年 IEEE ASTR 研讨会中的演示文稿之一

　　在列夫·M. 克利亚提斯的美国职业生涯早期,他的演讲和发表的书面论文都针对不同的行业领域。克利亚提斯博士早期的一些工作始于电子产品试验,1998 年在加利福尼亚州帕萨迪纳举行的 IEEE 加速应力试验(AST) 研讨会(图 4-33)上他进行了题目为"加速可靠性试验原则"的演讲,由于当时研讨会的管理人员不熟悉列夫·M. 克利亚提斯在电子领域的英文出版物,所以这一演讲仅作为了小组报告中的一部分被接受。因为克利亚提斯博士来自莫斯科,所

139

以本次研讨会主席保罗·帕克先生和其他研讨会经理(加速工程公司总裁柯克·A. 格雷(Kirk A. Gray)等)对他在可靠性等领域的贡献不甚了解。这次活动的书面论文于 1998 年 9 月 22 日至 24 日在加利福尼亚州帕萨迪纳举行的加速应力试验研讨会上发表。

IEEE 研讨会的与会者还参观 NASA 的喷气推进实验室(JPL)。喷气推进实验室的工作人员为参观者展示了将被送往火星的新的研究站,在约翰·威立出版公司于 2012 年出版的书中也有相关内容的详细描述[1]。早些时候,列夫·M. 克利亚提斯访问了堪萨斯州立大学的研究实验室,该实验室进行了这个火星研究站的试验。在访问期间,克利亚提斯博士对他们的试验提出了疑问,认为他们的试验不能准确地模拟火星上的条件。喷气推进实验室的工作人员回复说他们十分满意自己的试验结果,并且确信该装置至少可以工作 90 天(所需的保修期)。几周后,美国航空航天局将研究站送到火星,然而 3 天后,该研究站发生了故障,无法正常进行工作。喷气推进实验室联系到克利亚提斯博士,并询问他为什么预计到会发生故障。克利亚提斯博士回答道:因为你们的试验没有准确地模拟火星上的条件,所以研究站在真实的火星环境下工作时会发生不可预计的故障。由此可知,可靠性和耐久性试验结果并不是真正的预计,并没有为有效预计该站的可靠性和耐久性提供准确的信息。

火星上白天的温度会从大约 -100℃ 变化到 +100℃ ,并且温度变化非常快。喷气推进实验室的试验考虑了整体温度变化,但未考虑温度变化的速度,因此导致了研究站的电池电量过早地被耗尽。

2009 年 9 月 16 日,列夫·M. 克利亚提斯在美国新泽西州泽西市凯悦酒店举行的 IEEE 可再生可靠性研讨会上进行了题目为"加速可靠性/耐久性试验的细节"的演讲(图 4-34 和图 4-35)。

作为 SAE 的代表奖项,埃尔默·A. 斯佩里(Elmer A. Sperry)董事会奖为高科技人才提供了在各自领域研究和探索的机会,包括可靠性预计实施领域。董事会成员可以提名在移动领域具有杰出科学或技术成就的创新人员。埃尔默·A. 斯佩里董事会成员由 6 个与移动性相关的工程学会的代表组成,其中主要是美国社会机械工程师学会、美国航空航天研究所、电气和电子工程师协会、海军建筑师和船舶工程师协会、美国土木工程师学会和汽车工程师协会。该奖项的名额只有一位,这一奖项依据以下方式进行授予:"……以表彰工程贡献,该贡献通过应用在实际服务中证明了其先进性,提升了陆地、海上、空中甚至太空的交通运输技术。"列夫·M. 克利亚提斯博士在对董事会的报告中表示,他准备提名齐格蒙德·布鲁夫班德(Zigmund Bluvband)博士和赫伯特·赫尔特(Herbert Hecht)博士作为埃尔默·斯佩里奖的候选人。他们在开发和实施促进

发展和交通安全的新方法和工具方面做出了突出贡献,最终两位博士成为了
2011 年埃尔默·斯佩里奖的获奖者。图 4-36 为 2012 年 SAE 世界大会上埃尔
默·斯佩里奖颁发典礼的现场。随后在管理公司时,齐格蒙德·布鲁夫班德博
士还在继续实施质量和可靠性方面的先进理念。

图 4-36 2012 年世界汽车工程师学会(底特律)颁奖仪式

(左起:SAE 国际主席、埃尔默·斯佩里奖委员会主席和普林斯顿大学教授里理查德·迈尔斯,此奖
项赞助商列夫·M. 克利亚提斯博士、获奖者赫伯特·赫尔特博士和齐格蒙德·布鲁夫班德博士。)

列夫·M. 克利亚提斯博士没有把他对斯佩里董事会的贡献限制在质量和
可靠性方面,他还成功地提名了"阿波罗–联盟"号任务的负责人和"阿波罗–联
盟"号对接接口设计团队的代表托马斯·P. 斯塔福德(Thomas P. Stafford)、格
伦·S. 伦尼(Glunn S. Lunney)、阿列克塞·A. 列昂诺夫(Aleksei A. Leonov)和
康斯坦丁·D. 布什耶夫(Konstantin D. Bushyer)等人作为斯佩里奖的候选人,这
个奖项表彰了他们在航天器对接技术和国际对接接口方法的开创性工作。事实
上,这是斯佩里奖首次颁发给在航空航天领域获得成就的研究人员。

图 4-37 和图 4-38 分别为"阿波罗–联盟"号项目的埃尔默·斯佩里奖获得
者和赞助者,以及在华盛顿国家航空航天博物馆里站在"阿波罗–联盟"号前面
的克利亚提斯博士。因为大多数委员会成员更偏爱在产品设计领域的获奖候选
人,使得可靠性和耐久性等领域的奖项很难被颁发,所以布鲁夫班德博士和赫尔
特博士的获奖令人印象深刻。推进可靠性试验和预计实施的一个重要措施是为
公司和组织(特别是大型组织)提供咨询和研讨会讲师服务。例如,表 4-7 介绍
了福特汽车公司为描述可靠性试验新方法而举办研讨会的内容。此次研讨会举
办之后产生了许多积极的影响,例如,自 2012 年以来,国际汽车工程师学会组织

并提供了一次专门的技术会议"加速可靠性和耐久性试验技术的发展趋势"（IDM300），作为每届世界大会会议组"综合设计与制造"的一部分。

图 4-37　在美国航空航天局（NASA）颁奖仪式上（华盛顿特区），"阿波罗-联盟"
号项目埃尔默·斯佩里奖的获奖者和赞助者

（从左至右：阿波罗计划主席格伦·S. 伦尼；该奖项的共同赞助人、埃尔默·斯佩里奖委员会成员、
普林斯顿大学教授理查德·迈尔斯（Richard Miles）；阿波罗团队主席托马斯·P. 斯塔福德
将军；该奖项的共同赞助人、埃尔默·斯佩里奖委员会成员列夫·M. 克利亚提斯）

图 4-38　在华盛顿国家航空航天博物馆里站在"阿波罗-联盟"号前面的
列夫·M. 克利亚提斯博士（左为"阿波罗"号，右为"联盟"号）

表 4-7　加速可靠性试验发展趋势(福特汽车公司研讨会,2011 年 4 月)

讲师:列夫·M. 克利亚提斯博士(ERS 公司质量与可靠性董事、ECCOL 公司可靠性部门负责人)
(1) 开发技术和设备,用来更精确地模拟现实生活中的输入影响。
(2) 结合现实生活中的基本输入影响,逐步开发成本更低的设备。
(3) 开发为直接获取准确预计可靠性的有效信息提供了可能性的加速可靠性试验。
(4) 快速获得用于分析退化机制和故障原因的准确信息。
(5) 通过加速可靠性试验提高产品质量。
(6) 开发加速分析气候因素对新产品可靠性的影响的方法。
什么是 ART 开发? ART 的开发可以让你:
(1) 迅速发现限制产品质量和可靠性的产品要素。
(2) 迅速查明这些限制的原因。
(3) 迅速消除这些原因。
(4) 迅速消除产品的过度设计(节约成本),提高产品质量和可靠性。
(5) 提高产品质量和可靠性,从而延长保修期。
　　对于 ART 来说,准确模拟现实生活中的输入对产品试验十分重要。如果我们不能准确地模拟现实生活中的影响,我们就无法顺利进行 ART,并且不能迅速提高产品的可靠性。
　　作者正在这个方向上进行研究,并描述了以下可以使用 ART 的方式。
　　我们可以利用下述技术来开发 ART 技术:
(1) 确定限制产品可靠性和质量的故障。
(2) 找出上述失效(退化)机制发生的位置和动态。
(3) 找出上述失效的原因。
(4) 消除这些原因。
(5) 提高产品的可靠性和质量。
(6) 延长产品的保修期。
　　对于上述技术的实现,需要精确模拟现实条件对实际产品的影响。

　　俄罗斯、美国和世界组织积极参与可靠性和试验方面的活动,有助于扩展有效可靠性预计的实施领域。参与这项全球性的活动帮助列夫·M. 克利亚提斯更好地理解了俄罗斯、美国和其他国家与工程和可靠性相关的理论和实践之间的差异。不幸的是,这个活动同时还揭示了在可靠性和耐久性试验及预计方面由于文化差异使许多非美国籍的科学家,包括许多从苏联移民的科学家,无法适应美国的研究氛围。尽管如此,克利亚提斯博士仍然坚信,与其他国家专家合作并进行讨论,可以扩展知识,并为改进和实施可靠性试验和有效预计的技术开辟可能性。

　　迄今为止,以研讨会的方式与大型工业公司合作是传播这些关于可靠性试验和预计进展的理论的最有效方法。通过这些研讨会和对许多工业公司和研究中心的访问,可以了解许多公司在可靠性试验中的具体情况,这样,列夫·M. 克利亚提斯就能够开发一种在实践中更容易实施的方法。例如,2010 年 SAE 世界大会期间冷王公司、2011 年世界大会期间福特汽车公司(表 4-5)、日产和百得公司都举办了研讨会。

　　实践证明,从这些活动中获得的经验有助于明确促进有效预计产品可靠性的发展方向,以及在西方、东方和亚洲国家的公司和组织中不同的特定性质和文化差异的重要性。

除研讨会以外,其他的活动还包括更新 2010—2018 年的大量报告;作为 ASQ 审查委员会成员,审查不同出版商的大量图书选题和图书,包括初稿、书评、SAE 世界大会和 ASQ 大会的论文审查;为纽约州议会和美国联邦政府工作等。所有这些活动都涉及促进产品可靠性有效预计的开发和实施。

在这些报告中提出的问题也有助于提供有价值的反馈,以便更好地了解如何进一步制定有效预计产品可靠性的新方向。图 4-39 为一个典型的会议公告。

预测产品性能——安全性、质量、可靠性、可维护性和面向舰队专业人员的社交媒体应用程序

联合活动会议在港务局客运站时代广场举行

我们很高兴宣布以两个演讲形式介绍新年的第一次活动。Met 部门的列夫·M. 克利亚提斯博士上午的演讲将涵盖"在注意安全性、质量、可靠性和可维护性的条件下成功预测产品性能"的主题。列夫·克利亚提斯博士目前共撰写了三本关于质量的书籍,即将由 SAE 出版他的第四本书。列夫·克利亚提斯博士是这个问题的世界级专家。

第二场演讲将为那些不熟悉社交媒体的人介绍其作为车队专业人士的工具的好处和实际应用。我们的两位年轻理事会成员,杰西·奥布赖恩(Jesse O' Brien)和瓦鲁纳·塞姆布库蒂格(Varuna Sembukuttige)将共同进行这个演讲。

活动详情:

主讲人:

预测产品性能:列夫·克利亚提斯博士

社交媒体:杰西·奥布莱恩和瓦鲁纳

日期:

2016 年 2 月 4 日星期四

地点:

港务局客运站时代广场(南翼二楼,德拉戈的鞋店旁边)

地址:

纽约曼哈顿第八大道 625 号和 41 号街

登记:

上午 10:00—10:30

演讲:

预测产品性能:10:30—12:00

午餐:

上午 12:00 至下午 12:45

演讲:

社交媒体:12:45—13:45

费用:

会员/客人:30 美金

SAE 学生/退休人员:15 美金

图 4-39　克利亚提斯博士在纽约为两个协会的工程师和经理做报告的会议公告:SAE 国际都市分会和 NAFA 纽约交流分会

当测试实验室阿斯霍克雷兰德(Ashok Leyland)(印度)的管理人员向 SAE 提交了他们关于 2017 年 SAE 世界大会的可靠性试验的论文摘要时,作为 SAE 世界大会技术会议主席,列夫·M. 克利亚提斯通过这次机会再次扩展了有效预计产品性能的研究方向。文件后面的摘要被提交给了"IDM300 加速可靠性和耐久性试验技术的发展趋势"技术会议。列夫·M. 克利亚提斯为此摘要撰写了评价,他建议更改标题和内容,并描述了需要更改的内容和其原因。论文作者阅读了克利亚提斯博士的著作《加速可靠性和耐久性试验技术》,并对这本书的内容有了很好的理解[1]。论文作者在与克利亚提斯博士讨论了这篇文章对《加速可靠性和耐久性试验技术》的参考内容和论文的修改建议,之后作者对论文进行了更改,将论文题目改为"汽车前照灯继电器加速组合应力试验"。在 2017 年世界汽车工程师学会大会期间,论文作者与克利亚提斯博士就如何更好地在公司使用 ART 进行了讨论(图 4-40)。

图 4-40　4 月 4 日,底特律 2017 年 SAE 世界大会(WCX17)列夫·M. 克利亚提斯(IDM300 技术会议主席)为奥布利·卡提克扬(印度阿斯霍克雷兰德组件测试实验室副经理)颁发证书

正如文献[16]中所述,"克利亚提斯博士的 7 部作品以 1 种语言在 39 种出版物上出版,并有 1054 个图书馆进行了收藏。"这表明列夫·M. 克利亚提斯的出版物在可靠性预计和试验方面的使用范围极广。

4.4　引述列夫·M. 克利亚提斯著作和书评实施的可靠性预计与试验

下面列出了世界各地引用克利亚提斯博士研究成果的部分出版物清单,以及可能帮助实施有效的可靠性试验和预计的参考文献。以下是克利亚提斯博士的团队研究成果被不同领域引用的例子：

（1）改善运输制冷中的各种产品可靠性问题。

（2）船舶能源转换器。

（3）飞机模型和发射器控制器。

（4）加速寿命数据的统计处理。

（5）产品模型开发。

（6）各类产品的耐久性试验。

（7）改进质量检测，减少客户投诉。

（8）改善复合材料产品的磨损和寿命特性。

（9）可靠性各方面的开发。

（10）可靠性试验各方面的开发。

（11）可靠性评估的制定。

（12）电子系统可靠性的开发。

（13）可再生和可持续能源。

引文

（1）约瑟夫·曼尼恩（Joseph Mannion），"项目：运输制冷系统工业计算机集成试验"，梅奥理工学院，日期：2000年9月7日：

加速试验的一个重要技术是逐步的策略，它可以帮助试验人员获得准确和快速的初始信息，产生解决可靠性问题的产品试验结果[6-7]（Lev M. Klyatis，1999）。

（2）菲利普·R.蒂斯（Philipp R. Thies）、拉尔斯·约翰宁（Lars Johanning）和乔治亚·H.史密斯（George H. Smith），"船舶能量转换器元件可靠性试验"，英国彭林镇特里利弗路埃克塞特大学康沃尔校区，邮编：TR10 9EZ，EMPS—工程、数学和物理科学、可再生能源研究小组；2010年5月26日提交给《海洋工程》的预印本：

根据现场负载复制的准确度以及加速程度，可以进一步划分试验类型（Klyatis et al.，2006）：

① 加速运行条件下实际系统的现场试验；

② 通过物理仿真对实际系统进行实验室试验；

③ 系统和现场负载的虚拟（计算机辅助）仿真。

（3）艾伦·齐尔尼克（Allen Zielnik），阿特拉斯材料试验技术有限公司，"验证光伏组件耐久性试验，美国太阳能委员会的代码和标准"，阿梅特克公司（网址：www. solarabcs. org），2013年7月：

克利亚提斯进一步指出，绝大多数关于可靠性试验的文献引用的都是真正的耐久性试验,或者在有限的时间内停止失效的鉴定试验。尽管"可靠性"一词被广泛使用,但光伏产业目前所做的大部分工作都只属于试图评估"耐久性"的范畴。(Klyatis,2012)

正如克利亚提斯所指出的,有许多类型的环境影响作用于现实生活中的产品,但其中只有部分影响被研究过。环境压力的影响因素是非常复杂的,其中最复杂的问题之一是不同因素的综合因果关系,包括应力影响、对输出参数的影响和退化。在加速试验中,我们有两种主要的加速试验方法,第一种是过应力法,在超过预期正常使用水平的情况下施加一个或多个级别的应力条件(如温度循环),然后将试验结果用于推断正常应力水平下产品的估计性能。在试验中注意不要超过产品的应力强度,不要导致不切实际的失效。

(4) 丽萨(Lisa Assbring),埃尔玛・哈利洛维奇(Elma Halilović),"提高宜家家具质量的试验和客户投诉管理——厨房前台和工作台",MMK 科学硕士论文;瑞典斯德哥尔摩,2012 年,《25 MCE 275 KTH 工业工程和管理机器设计 SE-100 44》:

使用加速试验(AT),可能需要数天或数周才能获得需要多年现场试验的结果(Klyatis et al.,2005)。

加速试验有 3 种常用方法。第一种方法是在正常现场条件下试验产品,并使其受到与现实生活中相同的影响(Klyatis et al.,2005)。当对厨房前台的铰链进行试验时,它会受到与正常使用厨房时相同的打开和关闭动作的影响。

第二种方法是在实验室中使用特殊设备来模拟产品受到的影响(Klyatis et al.,2005)。例如,在实验室中使用一种导致表面磨损的工具来模拟工作台面多年使用后的磨损情况来进行试验。由于使用工具模拟了对产品的影响,导致模拟的条件不符合正常现场条件。准确的试验结果需要对现场输入进行准确的模拟。

第三种方法是利用计算机软件模拟产品受到的影响。这种方法的准确性取决于对产品自身和产品输入影响模拟的准确度(Klyatis et al.,2005)。

AT 的方法是加速使用率或增加产品应力。当产品不连续使用时,可以采用使用率加速的方法,并假设其寿命可以以循环周期为单位建模。这些循环周期在试验期间被加速,并用来估计产品的寿命。这个方法有时也称为加速寿命试验(ALT)(Klyatis et al.,2005)。我们可以使用这种方法计算出厨房前板在其使用寿命期间打开的预期次数,通过加速这些循环周期,可以测试它们对铰链的影响。

在加速应力试验中,应力因素加速了产品的退化。例如,与产品的正常使用相比,化学品的温度或浓度可能会升高。在工作台磨损试验中,磨损引起的应力和循环都得到了加速。应力加速常用于确定应力极限和设计缺陷。温度和振动等复合应力对加速产品的失效往往特别有效(Klyatis et al.,2005)。

试验过程中使用的设备也会影响试验结果,因为设备通常只能模拟一种输入类型,而产品在正常情况下可能同时暴露于多种输入影响下(Klyatis et al.,2005)。

(5)基诺·里纳尔迪(Gino Rinaldi),NSERC研究员,"腐蚀传感方法研究综述,技术资料备忘录",加拿大国防研究与发展部,2009年9月,网址:cradpdf. drdcrddc. gc. ca/pdfs/unc102/p533953_a1b. pdf

A.13.40克利亚提斯(2002):加速腐蚀试验条件的建立。

本文作者开发了加速腐蚀试验(ACT)技术并加以实施。ACT的主要目标是通过加速腐蚀试验快速改进产品、降低保修成本、降低寿命周期成本和提高可靠性。

(6)大卫·布斯(David Booth),2016-02-01,加拿大,网址:www. pressreader. com/canada/the province/

……这是在从芬兰到迪拜(事实上,在韩国还有两个起亚公司)的试验场上进行的目标的一部分,即进行耐久性试验,加速可靠性和耐久性试验技术的作者列夫·M. 克利亚提斯将其描述为比正常驾驶强度高150倍的试验。

(7)加速稳定性试验:Science. gov的专题,"加速稳定性试验的样本记录",环境加速试验条件(引文2),Microsoft学术搜索:

战略和战术基础是针对使用物理模拟寿命过程的产品的环境加速试验条件而开发的。这些条件帮助研究人员快速获得准确的信息,用于可靠性评估和预计、技术开发、成本效益和产品的竞争性营销等(列夫·M. 克利亚提斯)。

(8)国际计算力学协会公报,2007年1月20日(工程数值方法国际研究中心)。网址:www. cimne. com/iacm/news/expressions20. pdf

书报

《加速质量和可靠性解决方案》

列夫·M. 克利亚提斯和尤金·克利亚提斯

爱思唯尔出版社,136欧元

通过研究现实世界问题以及来自工业的支持数据,本书概述了工程师和科学家在设计、制造和维护过程中可利用的技术和设备,以确定工程问题在模拟、加速试验、预计、质量改进和风险方面的解决方案。为了实现这一目标,本书整合了质量改进和加速可靠性/耐久性/可维护性/试验工程概念。这本书包含了许多未出版的新内容。在质量方面:影响产品质量因素的复杂性分析,以及设计和制造过程中的其他质量开发和改进问题。在仿真方面:开发对实际产品的现场输入影响进行精确物理仿真的策略—随机输入影响的物理仿真控制系统—选择代表性输入区域以精确模拟现场条件的方法。在试验方面：有效加速可靠性试验（UART）—多环境加速试验技术—UART 技术发展趋势；研究气候和可靠性。在预计方面：可靠性、耐久性和可维护性的准确预计（AP）—AP 标准—技术发展等。

友机平冈（Youji Hiraoka）和山本胜明（Katsumari Yamamoto），日本株式会社；村上泰松（Tamotsu Murakami），东京大学；福川义介（Yoshhiyuki Furukawa）和石广田（Hiroyoki Sawada），日本国家先进工业科学技术研究所。"计算机辅助故障树分析（FTA）可靠性设计与开发方法：在实际设计过程中使用支持系统对 FTA 进行分析"。SAE 2014 年世界大会，SAE 技术论文 2014-01-0747：

在可靠性工程中，列夫·M. 克利亚提斯[21]提出了 ART/ADT 策略组件。这是一种使用 FMEA 和 FTA 对 ART/ADT 的试验条件进行研究，通过试验过程保证产品质量的方法。

列夫·M. 克利亚提斯博士英文出版物的书评

列夫·M. 克利亚提斯出版的书籍中有许多已发表的评论，超过 250 篇论文。其中 4 本书是英文出版物。以下内容为部分的书评：

（1）书评发表于美国国防部于 2007/2008 年冬季出版的《系统工程 RMS（可靠性、可维护性和保障性）》期刊（*The Journal of RMS*（*Reliability*，*Maintainability*，*and Supportability*）*in Systems Engineering*）中，如图 4-41 所示。

书评
加速质量和可靠性解决方案
作者：列夫·克利亚提斯博士和尤金·克莱蒂斯女士
英国牛津爱思唯尔出版集团，2006 年出版

约翰·兰福德；沙斯卡曲湾大学，辛辛那提大学；理学学士、理学硕士
概述

本书描述了在系统和设备的设计、制造和维护阶段工程问题本质上加速质量和可靠性的解决方案。本书结合了质量改进以及加速的可靠性、耐用性、可维护性和测试工程的概念。这本书介绍了一种复杂的技术，包括五个基本的学科分组：

（1）现场输入因素的物理模拟技术。

（2）具有一定效用的加速可靠性测试。

（3）准确预测可靠性、耐用性和可维护性。

（4）加快质量发展和提高制造和设计。

（5）安全方面的风险评估。

这本书的实力和公信力是通过真实地模拟现场情况所反映出的准确性以及有效地应用从统计、演算和代数算法得出的数学方法和模型得到了增强。

内容和主题

第 1 章：现场输入对实际产品影响的精确物理模拟

本章介绍了准确模拟现场输入影响的策略、基本概念、标准和方法论，以及仿真过程所需的控制系统。为达此目的，还介绍了将人工介质替换为自然技术介质的技术，并描述了气候对可靠性的影响。

第 2 章：具有一定效用的加速可靠性测试

本章概述了各种不同的加速测试方法,并提供了有用的加速可靠性测试(UART)方法的细节,还介绍了基于物理仿真的基本 UART(如第 1 章所述),使获得信息进行准确地质量、可靠性、耐用性和可维护性(RDM)预测以及降低安全风险成为可能。

结论

本书是工程专业人士(尤其是物流工程和系统工程界的专业人士)在其参考图书馆中必须使用的书籍。为方便读者和节约购书成本,作者将来自可靠性、可维护性、质量保证和可支持性等关键领域的基本材料合并为一个有价值的指导纲要。作者的聪明才智和创新方法值得高度赞扬。

图 4-41   2007/2008 年冬季发表于系统工程 RMS 期刊的书评

(2)评论发表于泰勒-弗朗西斯出版集团于 2006 年 9 月出版的《全面质量管理和商业卓越》期刊第 17 卷,第 7 期,如图 4-25 所示。

(3)RMS 合作组织总裁拉斯·瓦坎特(Russ Vacante)博士,《系统工程 RMS(可靠性、可维护性和保障性)》期刊(导论),美国国防部,2012 年夏季。

书评

《加速可靠性和耐久性试验技术》,威立出版社,2012 年。

《加速可靠性和耐久性试验技术》由列夫·M.克利亚提斯撰写,威立出版社出版,介绍了如何正确地进行加速可靠性和耐久性试验(ART/ADT)。新概念(想法)的核心是对设备暴露在"现实环境"中的条件进行深入仿真。作者认为,对实际产品环境的仿真将提高产品的可靠性、可维护性和安全性,缩短产品设计、制造和使用的时间。因此,准确模拟系统在实际使用过程中的环境,以及使用适当的试验设备,是成功进行 ART/ADT 的关键。

最初,复制产品的实际环境似乎很容易实现,但是这样的方法许多试验团体机构都没有尝试过,因为组织文化模式(关于什么构成了可靠性试验)往往根深

150

蒂固,并且不易被改变。另外,列夫·M.克利亚提斯撰写的书具有广泛的适用性,他提出的加速可靠性和耐久性试验的整体方法将会获得试验专业人员以及试验工程师的认同,并会帮助他们进行后续的研究。他强调了与当前试验实践相关的缺点,为他提供的改进的试验替代方案提供了可靠的基础。读者会获得具有成本效益的论据,这些论据可以提供给决策者去解释如何改变试验程序和培训过程,以及介绍如何购买和使用适当的试验设备,可以降低成本并提高系统的可靠性和安全性。

本书所包含的格式、信息和探讨的内容都是精心设计的,易于理解,并具有说明性。例如,本书的开篇章节对当前许多政府和非政府组织中制度化的可靠性试验的内容提出了质疑。作者提出了相反的论点,即当前的试验实践并没有显著提高产品和系统的可靠性。事实上,在全寿命周期和整体协议的早期,没有采用作者建议的方法进行可靠性试验的组织可能会增加其开销和产品/系统成本。

试验团体机构的成员如果了解了作者对可靠性和耐久性试验的观点,就会明白他们该如何提高系统的可靠性。模拟"真实世界"的环境条件,虽然起初看起来具有挑战性,但最终将证明这样的做法可以在降低成本的同时提高产品的可靠性和安全性。同样重要的是试验团体机构中执行试验的人员必须经过良好的培训和具有丰富的经验。

本书的最后几章重点介绍了ART/ADT新技术,它是准确预计产品质量、可靠性、安全性、可维护性、耐久性和寿命周期成本的可靠信息来源。接下来作者讨论了关于标准化的关键需求,并表示了自己对专业协会鼓励这种标准化的期待。此外,作者还介绍了一种提高预计准确性的可靠性预计策略,并提供了模型和解决方案,这些都是基于对实际使用环境的仿真需求而建立的。作者强调了他对人为因素和安全的全面考虑,而目前的出版物往往无法充分解决这一问题。

克利亚提斯先生的书中以一种清新易读的风格描述了ART/ADT这一主题。他通过将可靠性试验从艺术转向科学的方法,在工作中揭开ART/ADT与成本之间关系的神秘面纱。这本书的读者将学习一种精确仿真、试验和预计的新方法,这将有益于他们自身的研究和所在组织机构的发展。

(4) 可靠性评论,年度质量大会(ASQ),《R&M工程》期刊(*The R&M Engineering Journal*),第26卷,第4号,第29页,2006年12月。

RR 书架

《加速质量和可靠性解决方案》

作者:列夫·M.克利亚提斯、尤金·L.克里亚特,2006年,英国爱思唯尔出版社。

如今,大多数进入劳动力市场的专业人员都需要分析情况、找出问题并提供改进绩效的解决方案。这本书在仿真、加速可靠性试验和可靠性/可维护性/耐久性预计方面进行了实际改进,对于工程师和管理人员的工作会产生很大的帮助。本书的内容由 5 个章节组成:

① 实际产品现场输入影响因素的精确物理仿真;

② 有效地加速可靠性试验性能;

③ 根据可靠性试验结果准确预计可靠性、耐久性和可维护性;

④ 在制造和设计中的实际质量开发和改进;

⑤ 安全风险评估。

这个更新和扩展的版本在一个易于遵循的结构中呈现出许多不同的解决方案:工具的描述、用途和典型应用、正确的程序和有助于正确应用的清单、使用的示例、适用于任何行业或市场的表单和模板。

这本书的版面设计也旨在帮助读者快速学习。本书适用于任何行业的质量和可靠性领域工作的员工。它包括各种数据收集和分析工具、计划工具和过程分析。

这本书带来的主要好处是:

① 本书提出的新概念有助于解决早期设计、制造和使用过程中无法解决的问题;

② 有助于大幅减少产品召回;

③ 开发了一种改善工程文化的新方法,以解决可靠性和质量问题;

④ 为提高可靠性/可维护性/耐久性规定了一种实践方法。

这本书可提供给从事工业、服务、加工、高科技、咨询、培训的公司以及工程师和经理。

评论人:

达克·K. 穆西(Dak K. Murthy),新泽西州交通部质量保证经理,ASQ 纽约州/新泽西州大都会部门主席。

4.5　有效的产品可靠性预计没有被业界广泛接受的原因

关于产品可靠性的有效预计和试验为什么没有被工业界广泛接受,存在以下方面的原因:

（1）如第 1 章所示,目前大多数可靠性预计的解决方案都涉及理论方面,并带有实例。

（2）这些解决方案与从产品预计计算的来源获得准确的初始信息这一步骤

没有紧密联系。

（3）获取可靠性信息的常用方法是使用传统试验方法和设备进行试验,但这些试验方法和设备无法准确模拟真实环境。例如,已经使用了大约 100 年的试验场试验(ground testing)发展得非常缓慢;并且不能准确地模拟许多现实世界的输入影响(多环境、电子),以及其他重要因素,如人为因素和安全因素等。实验室试验也存在类似的情况。因此,试验场试验和实验室试验的结果通常与实际操作结果不同。

（4）试验中使用的术语缺乏准确一致的定义。因此,经常使用误导性或不正确的术语,会导致错误的假设或结论。例如,振动试验或试验场试验通常被错误地称为"可靠性试验",即使是该领域的专业人员也会犯这样的错误。

（5）在准确模拟真实环境的可靠性和耐久性试验、ART 和 ADT 领域,很难找到有关正确和准确的定义和术语的文献。

（6）在寻找如何能够准确模拟现场条件的文献方面也存在类似的问题。

（7）管理层通常不愿意对先进的工业可靠性预计解决方案进行投资,尤其是当这些方案需要将资金投入新技术或试验设备的时候。

（8）设计、研究和试验方面的专业人员通常更喜欢进行简单且便宜的单独仿真(或仅使用部分现场影响)。但他们往往只计算了研究和试验的直接成本,而没有考虑未能提供准确的产品模拟而导致的后续成本。因为他们通过简单和廉价的试验"节省"了成本,从而导致了产品召回、投诉增加和利润的减少。

（9）碰撞试验的结果不都是可预计的。在现实世界中,碰撞受许多输入变量的影响,包括人为因素和其他安全因素,这些因素通常在结构化碰撞试验中没有被考虑。

（10）由于这些原因以及其他的原因,导致有效的产品可靠性预计并没有被业界广泛接受。

关于这些问题及其解决方案的更多细节,可以在本书以及作者的 250 多个出版物中找到,包括文献[8-15]。

参 考 文 献

［1］　Klyatis L. (2012). Accelerated Reliability and Durability Testing Technology. John Wiley & Sons, Inc. , Hoboken, NJ.

［2］　Klyatis L. Development standardization Testing Technology "glossary" and "strategy" for reliability testing as a component of trends in development of ART/ADT. In SAE 2013 World Congress, Detroit, paper 2013-01-0152.

［3］ Klyatis L. Development of accelerated reliability/durability testing standardization as a components of trends in development accelerated reliability testing (ART/ADT). In SAE 2013 World Congress,Detroit,Paper 2013-01-151.

［4］ Klyatis L. (2016). Successful Prediction of Product Performance. Quality,Reliability,Durability,Safety,Maintainability,Life Cycle Cost,Profit,and Other Components. SAE International,Warrendale,PA.

［5］ Klyatis L,Klyatis E. (2006). Accelerated Quality and Reliability Solutions. Elsevier.

［6］ Anon. (1990). Editorial article. Interview with Klyatis L. M. ,Sc. D. High quality rigging for testing service. Tractors and Farm Machinery (November). USSR Department of Automotive and Agricultural Industries.

［7］ SAE 2013 World Congress. Achieving Efficiency. Event Guide. SAE International.

［8］ Klyatis L. (2006). Introduction to integrated quality and reliability solutions for industrial companies. In ASQ World Conference on Quality and Improvement Proceedings,May 1-3, Milwaukee,WI.

［9］ Klyatis LM. (2002). Establishment of accelerated corrosion testing conditions. In Reliability and Maintainability Symposium (RAMS) Proceedings,Seattle, WA, January 28 - 31; pp. 636-641.

［10］ Klyatis LM,Klyatis E. (2001). Vibration test trends and shortcomings,part 1. The R & M Engineering Journal (ASQ):Reliability Review 21(3).

［11］ Klyatis L. (1985). Accelerated Testing of Farm Machinery. Agropromisdat,Moscow.

［12］ Klyatis L. (2017). Why separate simulation of input influences for accelerated reliability and durability testing is not effective? In SAE 2017 World Congress,Detroit,April,paper 2017-01-0276.

［13］ Klyatis L. (2016). Successful prediction of product quality,durability,maintainability,supportability,safety,life cycle cost,recalls and other performance components. The Journal of Reliability,Maintainability,and Supportability in Systems Engineering (Spring):14-26.

［14］ Klyatis L. (2009). Accelerated reliability testing as a key factor for accelerated development of product/process reliability. In IEEE Workshop Accelerated Stress Testing & Reliability (ASTR 2009),October 7-9,Jersey City［CD］.

［15］ Klyatis L,Walls L. (2004). A methodology for selecting representative input regions for accelerated testing. Quality Engineering 16(3):369-375.

［16］ Klyatis,Lev M. ［WorldCat identities］,worldcat. org/identities/locn-1102003091931.

习　　题

4.1　说明实施新的 ART 和可靠性预计方法时需要纳入成本/效益分析的基本经济因素。

4.2　描述实施可靠性试验的案例。

4.3　描述实施可靠性试验和预计的案例。

4.4　简述 ART 是如何在 ASAETC456 标准——试验和可靠性指南中实现的。

4.5　简述如何在 SAE 航空航天标准 JA1009 可靠性试验中实施可靠性试验的新方法。

4.6　给出标准 JA1009 可靠性试验术语表中下列术语的定义：

（1）加速试验。

（2）加速可靠性试验（ART）或加速耐久性试验（ADT）。

（3）准确预计。

（4）精确的系统可靠性预计。

（5）精确的物理仿真。

4.7　描述 SAE 标准 JA1009 可靠性试验—策略的基本概念。

4.8　理查德·鲁迪（戴姆勒-克莱斯勒）在《全面质量管理与商业卓越》（英国）杂志上发表的书评的基本内容是什么？

4.9　为什么 ART 或 ADT 实际上比模拟单独影响的单一试验更经济？

4.10　卡玛兹公司是如何开始实施可靠性试验和可靠性预计的？

4.11　为什么将"振动试验"描述为产品的"可靠性试验或耐久性试验"是不正确的？

4.12　为什么克利亚提斯博士预计 NASA 的火星研究站项目会失败？

第 5 章 小批量、定制及专用车辆和设备的可靠性和可维护性问题

爱德华·L. 安德森

5.1 概 述

  如今仍有许多行业没有在其生产和交付的产品全寿命周期中开发或使用可靠性试验。在这些行业中,试验(如果完全执行的话)只包括工厂的功能试验、性能试验或操作试验,试验结束后只是通过客户的实际操作经验进行某种程度的临时产品更新。这样的情况在小批量、特殊、定制或特殊用途的产品制造商的工作过程中常常发生。通常他们可以进行的试验主要是功能性能试验。作者的经验主要来自对定制的交通工具的研究,通常是为特殊职业应用而改装的生产线轻型车辆、中型和重型卡车、建筑设备、消防、警察和 EMT 服务的应急车辆、备用或应急发电机和消防泵以及作业船或巡逻艇。图 5-1~图 5-6 描述了这种类型的典型设备。在港务局的职业生涯中,作者作为责任工程师主要负责采购上述类型的车辆(目前大约 5000 多辆),采购的车辆和设备成本超过 50 亿美元。

图 5-1 典型的机场冰雪控制设备

图 5-2　屋顶安装的应急发电机

图 5-3　飞机加油车(牵引式)

　　这些设备大多不进行大批量生产,往往很少或者没有进行真正的可靠性试验。但是这些设备确实有一些共同的元素,它们通常是关键任务资产,需要高度的可靠性和可维护性;同时这些设备具有复杂的结构,需要操作人员和维护人员熟练地掌握设备的使用方法并了解其内部的构造;它们的使用寿命很长,并且通常很昂贵,很难更换。

　　还需要考虑的问题是:从可靠性或可维护性较差的供应商处购买此类设备的风险可能非常高,特别是当没有设备可供使用时会产生严重后果;没有运行设备会承担相应的法律责任;还会造成负面的公共关系影响,或对设备所有者或服务提供商造成类似的后果。这对组织机构会产生严重的后果,如果救护车、警车或消防车发生故障,就无法及时对危害生命安全的事件做出响应。但是直到现在,组织机构的设备采购往往只允许选择最低价格的产品。

图 5-4　典型的机场跑道除冰车

图 5-5　升降平台车

158

图 5-6　应急消防泵

5.2　小批量、定制及专用车辆和设备的特征

本书其他章节中详细介绍的试验方法为客户提供了最可靠的解决方案,使客户能够获得产品所需的可靠性和可维护性,并为制造商提供了提高盈利能力的方法。但许多产品,尤其是卡车和设备领域的产品,都具有生产量低的特点,而且制造商很少或没有对其进行现场试验。在进行试验时,这些产品会满足共识标准的最低要求,例如载人升降机和飞机救援与消防(ARFF)车辆的稳定性试验[1]或消防泵的泵送性能试验。这些试验通常只是针对单组试验条件的性能标准,并且不包括相差很大的温度或环境条件,因此它们不是本书描述的真实环境。(用户还必须考虑行业共识标准是否适合其运营需求。如果不符合,则可能需要更严格的要求。)通常,这些单元是唯一的,而且"制造商"通常是各种商用部件的组装商,对这些部件的设计几乎没有控制权。这些单元很少在真正的装配线上生产,而是由技术工人逐个装配。一般情况下,这种设备也会产生较好的经济效益,并且具有较长的预期使用寿命,同时它们还可以提供支持最终用户任务或业务功能的关键功能。

在这种情况下,确保产品的可靠性和可维护性尤其具有挑战性,特别是对于缺乏购买优质产品技巧的客户(通常仅取决于制造商的销售或营销索赔),并且客户使用劣质产品可能造成昂贵的经济损失或潜在的灾难性问题:在工作过程中发生故障的救护车、警用应急装置或在电源故障时无法启动的备用发电机或消防泵会对组织机构造何种成影响？包括经济损失、企业形象危机和潜在法律责任在内的成本对组织机构来说是毁灭性的。但是，对于一些企业或组织来说，常规产品（送货车、水管工、电工或其他行业的"移动设备"）的故障也可能产生这样的影响。

接下来，我们会讨论这些设备与移动设备行业相关的属性：

1. 寿命长/成本高/交货期长

这种性质的设备通常具有较长的使用寿命（通常使用寿命超过 10 年），而且在许多情况下，使用寿命结束后，这些设备会由于技术过时而被淘汰，淘汰的原因与机械成本过高无关。在过去 20 年的技术变革中我们很容易发现，当时最先进的设备都不具备现在电子产品的基础功能：GPS、手机、备份设备和仪表盘摄像头等。现今排放量的变化和燃料的选择也与过去有很大的差异。

在许多情况下，采购过程是非常复杂的，随着书面规范的制定，定义了设备的预期功能，并详细说明了与操作需求、操作环境、监管问题、环境影响和其他考虑因素相关的许多细节。在采购前期，通常需要委员会或工作组将这些需求正式书面化。这些需求的开发可以轻易地将采购期增加 1~2 年，使组织机构从确认需求到购置或更换一个单元的总时间增加到 3~5 年。

与去商店购买"现成"的产品，或去 4S 店购买汽车不同，购买这种设备通常需要更长的时间，而且这类设备是按订单生产的。从订购到交付成品典型的交货周期可能超过 2 年。

2. 确定小批量、定制和专用车辆或设备的可靠性和可维护性的策略

虽然这些设备很少进行大量的或真实的试验，但仍有一些方法可以用来将购买到性能不佳设备的风险最小化，并降低操作不合格设备的风险。通过使用下面描述的策略，可以将采购不合格产品的风险最小化。

5.2.1　进行产品研究

在开始采购新设备之前，需要由具有工程或技术专业知识基础的专业人员进行大量的研究，以了解前一代设备的基本情况（或对没有前一代使用经验的设备进行需求分析）和自上次采购以来行业发生的变化，以及确定操作需求是否会在新设备的使用寿命期间发生预期的变化。组织机构应对运营管理（确定运营需求）、机器操作员、维护供应商和新设备供应商等方面的信息进行研究。

5.2.2　考虑供应商实力

这类设备都是由小型供应商群体进行生产（通常少于 10 家制造商或 5 家制造商）。我们需要关注的问题是这些供应商是否能按照工程承诺书上的要求提

供优质的产品。通常情况下,销售人员几乎没有技术能力,也无法回答系统设计或操作方面的问题。具有强大企业工程文化的供应商比工程能力较弱的组织更有可能解决上述问题。(作者观察到,许多组织通过提供新的或独特的产品而获得成功,并且具有创业的性质。但是,许多这样的组织后来演变为短期利润驱动的机构,阻碍了后续的设计和创新。)然而这是一个难以量化的因素,组织采购政策可能不允许其考虑制造商的工程实力,即使这是获取专业或定制设备最关键的因素。

5.2.3　选择成熟的产品

随着产品在现实服务中的应用,出现的问题越来越多,解决方案也越来越成熟。即使在设计新产品或更新模型的过程中最大限度地避免了产品故障,但在没有实际试验的情况下也会发现问题。可以肯定的是,工厂生产的第 100 台设备与第 1 台设备相比,具有更好的可靠性。实际上,客户是设备的真实试验者,优质的供应商将从客户的经验中吸取教训,并随着时间的推移不断改进其产品。作者的经验表明在新推出的模型或产品使用的第 1 年或第 2 年出现的问题和失效是非常重要的(对于警车、吹雪机、机场救援和消防车辆,甚至是新的或更新的车型、医疗车和重型卡车底盘等车辆)。因为这些都是新的和未预料到的问题,无法快速地找到简单的解决方案,而且这些问题往往需要对设备中的所有单元进行改造或修改。所以,为了避免采购到不合格产品,需要选择成熟的产品。

5.2.4　制定具有强约束力的采购合同

由于小批量、定制和专用车辆或设备的成本很高,供应商和采购方需要制定书面协议、合同或采购订单来确保产品的质量。这样的书面文件可以为客户提供明确的权利,有助于确保产品的可靠性和可维护性,并明确规定制造商或供应商的预期性能水平。书面文件中的内容是由双方共同确定的,合同中会明确规定性能要求、"平均故障时间"需求、操作约束或限制以及不履行合同的措施等细节。书面文件中的条款用于保证双方的权益,不会存在任何歧义和未解决的问题。采购商要了解用户期望,才能与供应商制定出合理的合同条款,依据这样强有力的合同,供应商才能制造出高可靠性和可维护性的产品。

5.2.5　建立共生关系

如前所述,这种设备一般不进行实际试验,而是通过客户与那些对产品感兴趣并致力于改进产品的制造商分享他们的实际经验,从而进一步完善产品。在这种情况下,客户与制造商是一种互利的关系。然而,要使这项工作发挥作用,双方之间需要进行良好的沟通,并将信息共享用于改进产品,而不是归咎于责任或过失。谨慎的做法是将该协议编纂归类,用来共享信息并限制相关责任。

5.2.6 使用共识标准

这种类型的设备中大部分都符合行业公认的共识标准,该标准规定了制造商应达到或超过的最低性能标准。虽然这些是可接受的最低标准,但并不意味着客户不能设定更严格的要求。例如,车载升降和旋转式航空设备[2]的 ANSI 标准 A92.2 允许根据稳定性定义提升轮胎或支架的高度。但是,根据作者在多个机构工作的经验,稳定性的定义中禁止任何支架或轮胎离开地面。当客户的需求与共识标准中的要求不同时,与新性能试验相关的成本几乎就是设备的增量成本。(还应注意的是,在作者职业生涯的早期,当工程师以正当的理由作出与共识标准不同的专业判断时,通常可以不遵守行业共识标准;但是,由于上述行为在美国可能需要承担法律责任,偏离目前的共识标准将不会得到支持并且存在很大的风险。)虽然共识标准通常包括性能度量和(或)功能试验,但应该注意的是,这些要求中大多数都是为了确保性能度量的一致性,并建立了统一的功能试验方法和结果。这些标准通常不能复制成功的可靠性实验所需的所有实际操作条件。图 5-7 为作者在 SAE ARP 5539 翻转犁吹雪机性能试验期间的情况。该功能试验提供了一种统一的方法,用于测量高速机场和公路吹雪机除雪的速度和每小时除雪吨数。作者还建议各组织参加共识标准委员会,该委员会

图 5-7　SAE ARP 5539 翻转犁吹雪机性能试验

的标准有许多制造商正在使用,但同时需要用户志愿者来平衡委员会,并确保制定的标准满足用户的需求。图 5-8 为在共识标准下进行的功能试验。

图 5-8　美国消防协会(NFTA)414 ARFF 倾斜台试验

5.2.7　用户组和专业团体

用户组和专业团体是在具有类似兴趣、问题和解决方案的人员和组织之间共享信息的社会组织。美国公共工程协会(密苏里州堪萨斯城)、ARFF 工作组(得克萨斯州葡萄藤市)、美国舰队管理协会(马萨诸塞州昆西市)、美国消防协会(马萨诸塞州昆西市)和美国汽车工程师学会(宾夕法尼亚州沃伦代尔市)都是其中的一些组织。

5.2.8　预备知识

预备知识是一种工具,可用于排除在所需设备生产方面的经验很少或没有经验的供应商。它保证了制造商(或经销商)拥有丰富的经验和对产品有足够的了解。然而,它也会排除一些可能提供新产品或创新产品的供应商。典型的预备知识是要了解在指定的时间范围内制造最少数量的类似或相同的装置的能力。

5.2.9　延长保修期

延长保修期是另一个提高产品可靠性的工具,可以应用于整个单元或某些组件。在中型和重型卡车上,发动机和变速器通常有独立的保修期。对底盘、车身或车架钢轨开裂、腐蚀或永久变形的终身保修也可用于保证产品的可靠性。一般来说,延长保修期必须得到制造商的同意,而且费用可能很高。

5.2.10　缺陷/故障(失效)的定义/补救措施

合同定义的缺陷或故障及其补救措施可用于定义客户对产品可靠性的期望。这些定义在某些行业很常见,但并非适用于所有行业。公交车采购的典型条款如下:

缺陷/故障(失效)

以下是定义类型的最大运行故障频率的设计目标,前提是要在运输维护实践规定的实用性范围内遵守供应商规定的预防性维护程序。

(1) 第1类:人身安全——直接导致乘客或操作人员受伤或存在严重的潜在碰撞情况的故障,如刹车失灵。平均故障间隔里程应大于100万英里[①],或大于公共汽车的实际使用距离。

(2) 第2类:道路救援——导致服务中断的故障。例如,车辆在使用过程中发生故障,平均故障间隔应大于20000英里。

(3) 第3类:公交车更换——在更换期间需要停止公交车的服务,但不会造成纳税服务中断的故障。例如,暖通空调(HVAC)或车内照明系统完全失效,或发动机故障导致发动机功率降至跛行模式。平均故障间隔应大于16000英里。

(4) 第4类:错误的命令——在分配期间不需要停止公交车的服务,但会影响公交车的操作或使用,导致操作人员报告失效的故障。例如,指示灯不工作、公共广播系统或安全记录系统部分故障。平均故障间隔应大于10000英里。

应该注意的是,在了解合理的故障间隔方面的知识之后,才能定义缺陷和故障。

5.2.11　预授权/生产前会议

召开预授权/生产前会议是确保设备可以提供所需可靠性和可维护性目标的一个关键部分。这些会议涉及了所有相关的单位和组织,有助于确保各方了解已完成车辆的需求和任务,以及制造商的工艺和可交付的产品。虽然这两种会议的性质类似,但在通常情况下,预授权会议一般不包括产品的完整技术细节,而是更多地确保制造商和客户对拟议合同和交付物有相同的理解。预授权会议不应规定谈判或合同变更,但应保证提供所有要求的内容。生产前会议是一个更为详细的会议,包含了产品的技术方面的全部细节,以及可交付成果的拟

定时间表。预授权/生产前会议记录均应予以公布,并作为项目记录的一部分提交给所有相关方。

5.2.12　变更

如前所述,这些部件很少在真正的装配线上生产。因此,在部件的装配中经常发生变化或前后不一致的情况。不同的工人的工作方式可能略有不同,零件被交付到工作站时可能会有细微的差异,或出现人为错误。例如,生产线的工人们常常会这样想:"我以为昨天下班前已经拧紧了这些螺栓"或"布置这个线束比图纸中显示的要容易得多"。虽然上述情况造成的是良性变化,在产品的全寿命周期中也可能是未知的,但偶尔也会产生严重的结果。

在公共汽车的新订单中,发动机舱中的线束布线和支撑位置与旧订单的差异非常小,即使在了解这个情况之后,也很难看到其中的差别。然而,正确的操作方法是将线束支撑在柴油发动机高压喷油器燃油管上方一两英寸的地方。在一些公共汽车上,用来固定线束的夹具的位置略有不同,线束的全部重量都落在喷油器管路上。随着时间的推移,线束上的保护罩穿过喷油器管路,形成一个在发动机舱内喷射柴油的孔洞。雾化燃料接触到了火源,导致大火迅速蔓延,最后公共汽车被烧毁。幸运的是,事故发生时,车上没有乘客,大火触发了车内的灭火系统,司机和周围的群众试图用手提式灭火器灭火,但效果并不显著,最后公共汽车被全部烧毁(图 5-9)。几位火灾调查专家进行了大量的调查和分析才确定了起火原因。调查人员发现喷油器管路出现故障后,便立即对所有车辆(约

图 5-9　被烧毁的公共汽车

60辆)进行检查,发现其中约10%的车辆在相同喷油器管路上的同一位置有明显的磨损(图5-10)。这种装配上的微小差异使一辆公共汽车被烧毁,但幸运的是没有造成人员伤亡。如果这辆公共汽车满员,可能会造成灾难性的后果。由于该事件及其原因的调查,制造商开始进行车辆召回,并对该品牌和型号的所有车辆进行检查和维修(图5-11)。

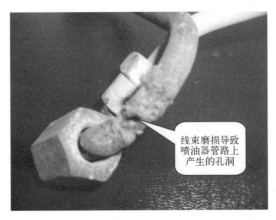

图5-10 柴油机喷油器管路上因磨损产生的孔洞

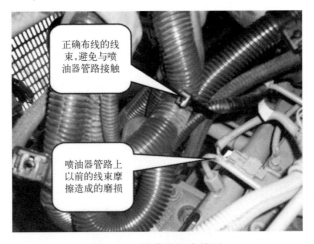

图5-11 线束重新布线图

虽然由于制造过程中的意外变化导致的其他故障很多,但对人类生命存在潜在影响、造成巨额经济损失和难以确定根本原因的故障是最引人注目和最重要的。

5.2.13 定期的工厂检查

定期的工厂检查是另一种可用于提高小批量制造产品的可维护性和可靠性的工具。对于可能需要拆卸设备进行维修的维修人员,定期的工厂检查也是了解设备组装的重要工具。维修人员对可访问性、锁定、标签等因素的理解可以帮助提高设备的可维护性。工厂检查可以在生产的各个阶段进行,甚至可以对不同的部件进行。发动机、变速箱、泵、发电机或其他主要部件或系统的测功机试验可能适用于关键的收购。对于大额订单,收购方可在供应商工厂派驻一名工程师,实时监控工厂的装配过程。

5.2.14 原型设备的功能或性能试验

共识标准或合同要求可能需要第一个设备或原型设备的试验来证明这批产品是符合要求的。谨慎的做法是让工程师或类似的质检人员参与相关的功能或性能试验。如果要由外部人员见证和证明试验,建议保留专业工程师的工作内容,提供有关有效试验的书面文件,并将其保存在设备的文件中。这样可以确保试验的完整性,并向最终用户提供一个具有正确设计和构造的设备。如果将来某天发生了产品诉讼,这些文件也可以作为证据表明相关部门已经对产品进行了严格的合法调查。图5-12 所示为重型清障车的性能试验,表明清障车能够在狭窄的隧道中进行"K"形转向。

图 5-12　清障车转向功能试验

5.2.15 验收试验

在交付给客户之前,供应商不会都对产品进行彻底的检查,但是即使他们完成了检查,前期的失败和缺陷也会在产品全寿命周期的早期阶段经常发生。最谨慎的做法是对产品进行全面的验收,包括检查所有的服务水平,以及在实际交付后和投入使用之前进行适当的性能试验。而且,进行全面的验收还可以最大限度地减少操作设备在没有质量保证的情况下投入使用时发生的服务中断的情况。(作者还亲自经历过由于装配过程中零件混淆的问题,在空气制动器等基本系统的部件生产线出现错误的事件。)图5-13所示为机场吹雪机的验收试验。由于试验场地没有下雪,因此实验人员通过将吹雪机的头部浸入水中来进行负载试验和噪声水平测量。

图5-13　吹雪机驾驶室内声级验收试验

5.2.16 发挥"领航"作用

"领航"是一种主要由军方、航空和一些民用船队运营商使用的策略,用来帮助确定产品的失效模式和预期寿命。该策略最大限度地利用新领航单位的统计显著样本量,以帮助识别故障模式和可靠性问题。选定的新领航单位为生产运行中的其他领航单位进行真实的可靠性试验。虽然从概念上讲很简单,但是要想有效地执行这样的计划,需要所有参与者的共同努力。试验对象需要在最严苛的操作中识别和使用"领航"组,最大限度地减少这些部队的服务中断(将快速维修转换为计划性和非计划性维修),并为项目提供良好的数据收集和分析,以产生有意义的结果。

5.2.17　储备量/储备金

对于任何设备操作员来说,最棘手的问题之一,也是与可靠性和全寿命周期直接相关的问题之一,是如何确定以最低成本完成任务的适当车辆的数目。这个问题缺少简单的可量化解决方案,它本质上是对成本和风险的度量。如何准确地量化由于一个或多个单元停止工作而造成的损失以及此类事件发生的概率? 目前,这个问题还没有答案,需要通过更有效的实际试验来回答这个问题。确定所需设备数量时需要考虑的因素包括:

（1）需要多少台设备才能满足运营需求?

（2）是否考虑了循环需求——峰值和谷值?

（3）定期维护需要停机多长时间?

（4）是否可以在非高峰时间进行定期维护?

（5）所有操作都涉及不定期维护。对于您的组织、运营或设备,什么是不定期维护的谨慎估计? 不定期维护需要多少储备金?

（6）因事故、损坏或滥用专用设备而进行的维修时间较长且成本高。在这种情况下,对于您的组织、运营或设备的不定期维护的谨慎估计是什么? 由于事故、产品损坏或滥用产生的经济损失需要投入多少储备金?

（7）公司是否有能力使用出租、租赁、借用或其他机制临时替换服务中断的设备? 如果可行,在进行此类服务更换时是否存在操作人员培训/兼容性问题?

（8）由于工作周期的缩短或操作部件的磨损,增加可用部件组是否可以延长使用寿命?

（9）如果一个或多个单元停止服务,对您的组织及其运营能力带来的潜在成本是多少?

（10）发生以上事件的概率是多少?

（11）您的组织的风险承受能力如何?

（12）谁将签署此决策的风险/回报或成本/收益分析的书面文件?

5.2.18　问题记录

一个重要但经常被忽视的步骤是记录产品发生的问题和对应的解决方案。一般情况下,长寿命的设备更换周期时间较长。在设备寿命期内,人员变动、退休、改组或其他情况经常发生,下一个负责人员的工作模式可能会有所不同。而且,随着时间的流逝,我们可能会忘记这种设备的详细状态信息。记录重要问题和解决方案是避免在下一个设备周期中重复出现问题的一个必要步骤。在下一个更换周期中,对上一代设备的问题进行仔细审查有助于确保下一代设备中不再出现此类问题。然而,这一步经常被忽视或遗忘。工程师解决问题的能力往往比记录问题的能力强,因此,从来没有人对出现的问题以及解决问题的方法进行记录,导致设备的信息丢失和被遗忘。

5.2.19 自立自助

任何工业产品的可靠性和可维护性不仅取决于制造商,在很大程度上还与用户有关。培训、清洁和维护实践、操作实践、数据收集和分析以及规划可以显著改善或减少此类设备的可靠性和可维护性问题。为提高产品和设备的正常运行时间,可考虑以下内容:

(1) 采购新设备时,不能忽视对管理人员、操作人员和维护人员的培训。

(2) 在人员变动时对员工进行新的培训,并对季节性设备的操作人员等进行定期培训。

(3) 尽可能将维护安排在淡季或非工作时间,来最大限度地减少对产品运营的影响。

(4) 让制造商提供维护计划和零件(项目和数量)清单,并根据组织机构的正常运行时间需求和操作条件调整项目和数量。

(5) 将执行计划的维护任务所需的零件组合成包含所有必要零件的套件。

(6) 使用合适的保养流体和适当数量的保养流体标记流体保养位置(包括油箱和柴油机排气油箱)。

(7) 旋转装置以均衡使用(使用前面描述的"领航"策略可以不考虑这一点)。

(8) 将设备分配给特定的操作人员和维护主管,并在设备上写上他们的名字。自豪感是保持一个组织处于最佳状态的强大动力,也是一种廉价的表彰员工的方式。

(9) 收集使用、维修和零件数据,并使用这些数据开发可以提高产品可维护性和可靠性(在使用时间内)的方法。

(10) 在设备的使用寿命结束前,尽早开始进行设备的更换活动。使用寿命结束时的维护成本非常高,及时更换是避免因更换过晚而增加的停用、维修成本和可靠性问题的最佳方法。

(11) 要富有创造力!从操作需求和要求的知识开始,相关人员可以开发其他可以最大限度地提高设备的可维护性和可靠性的创新方法。

参 考 文 献

［1］ National Fire Protection Association. （2012）. NFPA 414, Standard for Aircraft Rescue and Fire-Fighting Vehicles, 2012 edition. NFPA, Quincy, MA.

［2］ American National Standards Institute. （2009）. ANSI/SIA A92.2 Vehicle Mounted Elevating and Rotating Aerial Devices. ANSI, New York, NY.

［3］ SAE International. （2013）. SAE ARP5539, Rotary Plow with Carrier Vehicle. SAE International, Warrendale, PA.

习　　题

5.1　列出一些通常不接受实验室或轨道可靠性和可维护性试验的产品。

5.2　列出上述设备的 3 个特征。

5.3　列出 3 个在设备故障或无法使用时对组织机构带来高风险的产品示例。

5.4　列出 5 种有助于确保小批量、定制和专用车辆或设备的可维护性和可靠性的策略。

5.5　为什么共识标准并不总是产品可靠性和可维护性的真实指标？

5.6　为什么在购买小批量、定制及专用车辆或设备时要延长保修期和进行缺陷定义？

5.7　预授权会议和生产前会议有何不同？

5.8　简述几种适用于采购小批量、定制和专用车辆或设备不同类型的试验。

5.9　什么时候应该进行验收试验？简述验收试验的重要性。

5.10　什么是"领航"策略？

5.11　在确定满足运营需求的适当单元数量时需要考虑哪些标准？

5.12　什么是问题日志？并简述其重要性。

5.13　简述几种可用于帮助提高小批量、定制及专用车辆和设备的可维护性和可靠性的策略。

第6章　用于可靠性预计和加速可靠性试验的专业学习的基本程序和插图的示例模型

列夫·M.克利亚提斯

本章介绍的内容可用于工程教育和培训课程、研讨会、讲座、教程、讲习班等。

6.1　程　序　示　例

6.1.1　示例1:"产品可靠性的有效预计和必要的试验"课程

此课程将为设计和使用该问题解决方案的研究人员提供有效信息。

课程参与者将学习以下内容:

第1天和第2天的课程:"可靠性预计的方法"。

(1) 可靠性的理解和测量。

(2) 可靠性对利润的影响。

(3) 可靠性如何影响全寿命周期成本?

(4) 全寿命周期时间和成本的减少。

(5) FMEA 的设计方法。

(6) FMEA 的误用。

(7) 故障树分析(FTA)。

(8) 可靠性设计评审。

(9) 产品性能的交互组件之一——可靠性。

(10) 产品的可靠性现状和造成这种情况的基本原因。

(11) 可靠性预计不准确的原因。

(12) 使用不同的可靠性预计方法造成的积极和消极方面的影响。

(13) 可靠性预计的术语和定义。

(14) 有效预计可靠性的新方法。

(15) 工业有效预计的策略。

（16）拟订改进设计的建议。

（17）如何通过 ART 提高可靠性？

（18）控制保修成本的方法。

（19）有效可靠性预计的实施。

（20）有效可靠性预计方法的益处、要求和目标清单。

后续几天的课程："加速可靠性和耐久性试验是获得有效可靠性预计初始信息的来源"。

（1）为给定的应用程序选择加速试验方法的策略。

（2）如何根据业务情况调整加速试验程序（计划）？

（3）缩短产品开发周期的方法。

（4）加速现场试验和实验室试验方法的现状。

（5）加速试验设备市场的现状。

（6）为什么上述方法和设备不能为提高可靠性预计提供准确的信息？

（7）可靠性和耐久性试验的术语和定义。

（8）实施 ART/ADT 的步骤和方法。

（9）为什么加速可靠性和耐久性试验有助于解决提高产品可靠性预计的问题？以及它是如何解决的？

（10）如何利用现有试验设备？

（11）应用于 ART/ADT 的各种工具。

（12）实施 ART/ADT 使用的设备应该满足什么要求？

（13）可靠性试验的实施方案。

（14）提高可靠性使用带来的经济效益。

6.1.2　示例 2："可靠性预计方法"课程

此课程将为设计和使用可靠性预计方法的研究人员提供在给定时间内实现高可靠性的方法基础。研讨会参与者将学习以下内容：

（1）为什么当前的可靠性预计方法在实践中往往不成功？

（2）为什么这种情况会持续多年（通过对出版物的分析）？

（3）可靠性预计的术语和定义。

（4）如何改进可靠性预计方法？

（5）改进可靠性预计方法的基本步骤。

（6）使用改进后的可靠性预计方法的示例。

6.1.3　示例3:"获得有效可靠性预计信息的来源——加速可靠性和耐久性试验技术"课程(或教程)

(1) 可靠性和耐久性试验的现状。

(2) 加速老化试验(积极和消极方面)。

(3) 高加速寿命试验(HALT)和高加速应力筛选试验(HASS)的优点和缺点。

(4) 真实世界仿真在试验中的作用。

(5) 准确模拟真实世界条件的基础。

(6) 加速可靠性和耐久性试验(ART/ADT)的关键术语和定义。

(7) 加速可靠性和耐久性试验(ART/ADT)是提高可靠性预计准确性的关键因素。

(8) ART/ADT 的细节和概念。

(9) 实施 ART/ADT 使用的设备。

(10) ART/ADT 的优点。

(11) 可靠性试验标准化。

6.1.4　示例4:"如何设计有效的加速试验?"研讨会

此次研讨会将为设计有效的加速试验(AT)程序奠定理论基础,从而在现有产品和未来设计中实现高可靠性。研讨会参加者将了解以下内容:

(1) 为什么现有的 AT 技术和设备带来的效益不会超过 20%~30%?

(2) 为什么对于 AT 结果和现场结果之间的高度相关性,真实影响因素的模拟通常不准确?

(3) 如何获得 AT 结果和现场结果之间的最大相关性?

(4) 工程师和管理人员如何以较低的成本快速找到并消除产品故障和退化的原因?

(5) 为什么出版文献往往不能够帮助实际的工程师和管理人员以最低的效益完成其工作和任务?

课程参与者还会学习将 AT 应用于以下方面:

(1) 缩短产品上市时间。

(2) 减少设计和产品开发周期,降低保修成本,并将客户退货率降到最低。

AT 适用于在汽车、铁路、航空航天、船舶等行业领域使用的机械、机电、电子、液压等设备。

参加研讨会的好处

通过完成本次研讨会,专业人士将了解以下内容:

(1) 如何实施先进且成本较低的技术来延长产品保修期?

(2) 哪些高级文献可以为相关人员提供有关加速试验的知识?

研讨会的基本内容

(1) 失效模式和影响分析(FMEA)的基础知识(介绍和概述、定义、综合讨论、执行设计 FMEA 和过程 FMEA、关键性/风险分析)。

(2) 支持工具故障树分析。

(3) 有效加速试验的介绍。

(4) 设计有效 AT 的策略。

(5) 实际输入对产品影响的物理仿真。

(6) 逐步加速试验(AT)技术

(7) 加速多环境试验的条件。

(8) 精确模拟现场条件的加速腐蚀试验。

(9) 精确模拟现场条件的振动试验。

参加人员

公司高管、试验工程师和经理、设计工程师和技术人员、可靠性工程师和经理、主管、质量保证经理、质量控制工程师和经理、制造工程师等。

6.2 可靠性预计和试验程序的插图和示例

以下课程的插图或示例必须以幻灯片(PowerPoint 或类似软件)形式准备。

6.2.1 示例:幻灯片文本(图 6-1~图 6-28)

- 众所周知,2009—2010 年丰田的全球汽车和卡车的召回量跃升至 900 万辆,之后每年的平均召回量约为 300 万~500 万辆。
- 其他汽车制造商以及其他行业公司也可能出现类似情况。
- 在设计和制造过程中对产品可靠性的预计不准确是导致上述问题的根本原因。
- 因为加速的可靠性和耐久性试验作为可靠性预计的初始信息来源未得到正确使用,所以导致预计不准确。
- 下面介绍了解决此问题的方法。

图 6-1 介绍

一般来说,通过产品召回可以掌握产品可靠性的情况,因为政府和其他组织或公司会发布有关召回的官方信息。

- 在汽车行业,目前的情况可描述为"汽车召回事件剧增"。
- 美国联邦政府(NHTSA)表示,"2011 年,汽车制造商去年召回的美国汽车数量超过了过去 6 年中的任何一年的数量"。
- "产品召回影响了 2030 万辆汽车,这是自 2004 年以来的最高数字"(2009 年为 1520 万辆)。

图 6-2　产品可靠性的现状

在现场,军事设备的可靠性比设计和制造期间试验后预计的可靠性低几倍。

* SAE 国际 G-11 RMSL 部门 2004 年春季会议。

图 6-3　美国陆军准将卡尔·申克语录

使用来自 NHTSA(国家公路安全交通管理局、交通局或其他出版物)的最新信息的示例。

图 6-4　产品召回的其他例子

1. 本田——?? 百万辆
2. 丰田——?? 百万辆
3. 福特——?? 百万辆
4. 其他——?? 百万辆
a. 来源…
b. 公司可能会变化。

图 6-5　去年最高的召回率

除了产品召回之外,还会导致比在设计和制造期间预计的:

- 更高的成本。
- 较低的安全性。
- 耗费更多的时间。

图 6-6　除召回以外的其他问题

可靠性预计的不准确导致了以下结果：

每年的死亡人数和死亡率发生变化：（死亡人数：2010 年，33186 人；2011 年，32310 人）

（其他年份）。

图 6-7　不准确预计的最终结果之一

工业公司在努力减少召回和全寿命周期成本，提高产品的质量、可靠性、安全性、耐久性

和可维护性等。

- 这样做的原因是什么？
- 目前的方法不能成功解决上述问题。

图 6-8　工业公司的现状

为找出投诉和召回原因，我们可以使用以下方法：

- 工程技术（设计、技术、质量控制等）分析。
- 物理分析。
- 化学分析。
- 统计分析。

图 6-9　找出投诉和召回原因的方法

前五角大楼作战试验和评估办公室主任菲利普·科伊尔说：

- 如果在设计和制造卫星等复杂仪器的过程中，为了节省试验费用而进行相关的操作。
- 由于这个错误，最终可能因为必须更换有缺陷的产品而造成数千美元的巨大损失。

图 6-10　示例：在设计和制造过程中节省试验费用的结果

$F_A(x)$ 为在进行 ART 之后的可靠性分布函数，$F_0(x)$ 为进行现场试验之后的可靠性分布

函数，衡量它们之间差异的标准为

$$\Delta[F_A(x), F_0(x)] = F_A(x) - F_0(x)$$

$\Delta[F_A(x), F_0(x)]$ 的给定极限为 Δ_A。

如果 $\Delta[F_A(x), F_0(x)] \leq \Delta_A$，可以确定 ART 结果的可靠性。

如果 $\Delta[F_A(x), F_0(x)] > \Delta_A$，则不建议进行 ART。

图 6-11　用于比较加速可靠性试验（ART）和现场试验结果可靠性的统计标准

如果函数 $F_A(x)$ 和 $F_0(x)$ 未知（通常在实践中），则可以构造实验数据 $F_A(x)$ 和 $F_0(x)$ 的函数图形并确定 $D_{M,N}$：

$$D_{M,N} = \left[F_{AE}(x) - F_{OE}(x) \right]$$

式中：$F_{OE}(x)$ 和 $F_{AE}(x)$ 是在操作条件下和在 ART/ADT 下进行机械试验的可靠性函数的经验分布。

图 6-12　统计标准

需要计算累积参数的函数和方程式中的置信系数值：

$$Y(x) = \sum_{n}^{m=k} C_n^m p^m (1-P)^{n-m}$$

$$Y(x) = \sum_{k}^{m=k} C_n^m p^m (1-P)^{n-m}$$

并评估在上下置信区域的曲线，其中 $C_n^m p^m (1-P)^{n-m}$ 是在 n 个独立实验中某一事件发生 m 次的概率。如果置信系数 $\lambda = 0.95$ 或 $\lambda = 0.99$，则可以在关于概率论的书籍中找到 Y 的值。

图 6-13　比较预定精度和置信区间的参数函数

应力越大意味着产品失效的速度越快，加速试验结果与现场结果的相关性越低。

图 6-14　应力试验原理

ART/ADT 的基本概念(1)

1. 使用给定的标准对整个复杂的现场情况进行精确的仿真。

2. 现场输入影响的仿真包括：

　（1）每天 24h 进行仿真试验，但不包括：

　　　① 空闲时间（休息、中断）；

　　　② 在不导致故障的最小负载下运行期间。（使用"仔细应力"方法，具体细节可参见另一本书。）

　（2）环境影响的仿真（温度、污染、辐射等）（使用"特殊最大应力法"）。对于简单的产品来说（如混频器），这种方法是不同的。

图 6-15　ART/ADT 的基本概念(1)

ART/ADT 的基本概念(2)

（3）以上是对一般的精确仿真方法的描述。如果我们需要将其用于特定产品(如汽车)，需要设计一个对输入影响进行精确仿真的特定方法。对于混频器来说，我们需要另一种特定的方法。

（4）类似的情况涉及对相互关联的人为因素和安全因素的精确仿真。

（5）由于使用了上述方法，加速系数通常为 10~100，或者更高(主要取决于产品的类型)。

3. 同时结合每种现场影响因素类别(多环境因素类别、机械因素类别、电气因素类别等)进行仿真。

图 6-16　ART/ADT 的基本概念(2)

ART/ADT 的基本概念(3)

4. 使用体系方法可证明系统是相互关联的，这种方法包括精确的仿真和每个现场输入影响、安全因素和人为因素的互联。

5. 使用给定的标准，精确模拟每种类型的输入影响的同时组合。

　例如：污染 = 化学因素+机械因素(尘土、沙粒)。

6. 使用物理退化机制作为准确模拟现场影响的基本标准。

图 6-17　ART/ADT 的基本概念(3)

ART/ADT 的基本概念(4)

7. 考虑系统内各元件(试验对象)的交互。

8. 复制完整的现场时间表和维护(维修)范围。

9. 结合特殊的现场试验实施实验室试验，并将其作为 ART 的基本要素。

10. 分析并比较现场和 ART/ADT 期间的退化和故障后，对仿真系统进行更正。

图 6-18　ART/ADT 的基本概念(4)

ART/ADT 实施后全寿命周期成本(LCC)的变化/％

实施的结果描述了 ART/ADT 的发展情况/％：

- 设计阶段成本增加 4%~8%
　（不包括召回和维护减少节约的成本）
- 制造阶段成本增加 0~1%
　（不包括召回和维护减少节约的成本）
- 使用阶段成本降低 52%~83%

因此，全寿命周期成本降低了 33%~47%。

＊如果工业公司反复将 ART/ADT 设备用于产品的制造阶段和新型号设计，则制造阶段和设计阶段的成本将会大幅减少。

图 6-19　ART/ADT 实施后生命周期成本的变化

ART/ADT 适用的试验设备示例(现如今在全球市场上)

- 伟思富奇(WEISS TECHNIK)有限公司(德国)
1. 带有道路模拟器和太阳辐射装置的气候实验室

  该系统模拟了在湿度、热量、低温和太阳辐射等环境条件下的振动。
2. 组合腐蚀试验系统

  该系统包括两个操作可靠性试验台,能够将试验参数——温度、湿度、NaCl、CaCl 和 MgCl 溶液的腐蚀性相结合,同时在 3 个轴上承受机械负荷。

图 6-20 ART/ADT 适用的试验设备示例

ART/ADT 适用的试验设备示例

- 首尔工业工程有限公司研发中心

  汽车风洞气候模拟:

  同时将温度、湿度、太阳光、底盘测功机、振动、风速和流量等因素结合。
- 国有企业泰斯莫什(俄罗斯莫斯科)

  可靠性/耐久性试验室模拟以下因素:

  温度、湿度、辐射、污染、振动、测功机、输入电压等。

图 6-21 ART/ADT 适用的试验设备示例

例子:ART/ADT 加速产品开发和失效原因的查找

- 在多年收集的现场试验的资料和数据记录中,可以发现设计人员没有解决收割机可靠性和耐久性方面的问题。
- 克利亚提斯博士的实验室开发了一种用于现场模拟的特殊复合设备。
- 实施 ART 方法 6 个月后:
  — 两个收割机的标本经历了相当于 11 年的可靠性预计。
  — 测试了一个单元的 3 种变体和另一单元的 2 种变体。
  — 可靠性和耐久性提高了 2 倍以上。

图 6-22 例子:ART/ADTA 加速产品开发和失效原因的查找

机械全寿命周期内的费用

经验表明:
- 如果工业公司在设计过程中使用 ART/ADT,可以提高产品的可靠性并减少产品召回和投诉。
- 因此,在设计、制造和使用过程中大幅地减少了开支。

图 6-23 机械生命周期内的费用

ART/ADT 的实施

- 在实施 ART/ADT 技术之前需要更长的时间对第一个产品模型(试验对象)进行试验。
- 以下型号产品的实施时间将会缩短。在 ART/ADT 的使用过程中,还原过程是连续的。
- 如果管理层担心实施 ART/ADT 技术需要巨额的投资,可以通过逐步实施来完成:
  —— 首先,建立具有基础通信系统(用于水和其他液体运输、气体运输等)和排水系统的独立房间。
  —— 接下来,在这个房间中安装一种类型的试验设备,如振动设备。
  —— 在资金到位后,在试验设施中增加第二类设备,实现温度变化和与其相互作用的振动水平。
  —— 最后,继续添加其他的影响变量。

图 6-24　ART/ADT 的实施

ART/ADT 结果的使用

- 可以直接用于评估试验条件(实验室条件)的可靠性和耐久性,但不能用于评估实际现场条件。
- 如果想知道在这些试验之后的真实世界的可靠性和耐久性,需要使用预计方法来完成。

图 6-25　ART/ADT 结果的使用

准确的可靠性预计

- 利用在进行 ART/ADT 之后获得足够的初始信息和当前的预计方法,可以完成有效的可靠性预计以及对其有效的开发和改进。
- 这种 ART/ADT 的方法是由克利亚提斯博士开发的。
- 可以在他的出版物中找到这种详细的方法。

图 6-26　准确的可靠性预计

可靠性预计的准确条件

- 初始信息准确。
- 但是单独类型影响的仿真和应力试验,只模拟了部分现场条件,并不能提供这种准确的初始信息。

图 6-27　可靠性预计的准确条件

有效的可靠性预计

- 需要使用加速可靠性/耐久性试验来获取初始信息。
- 必须了解进行此类试验的方法,因为现今的出版物中很少对这种类型的试验进行介绍。
- 在设计和制造过程中,我们使用了 HALT、加速老化、MASS、软件模拟等方法,因为它们对于提供新的试验方法来说更简单、更便宜。
- 使用上述方法并不能使预计有效,也不会降低全寿命周期成本。

图 6-28　有效的可靠性预计

6.2.2　插图(示意图)(图 6-29~图 6-57)

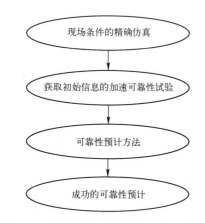

图 6-29　有效预计可靠性的 4 个基本步骤

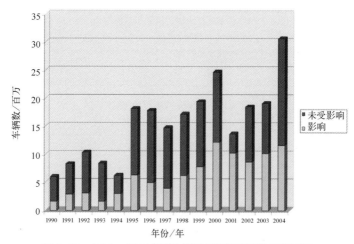

图 6-30　1990—2004 年美国市场汽车召回数(百万辆)

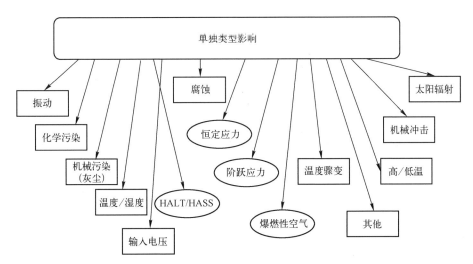

图 6-31　设计和制造过程中单独类型影响的仿真和应力试验的示例（低效的方式）

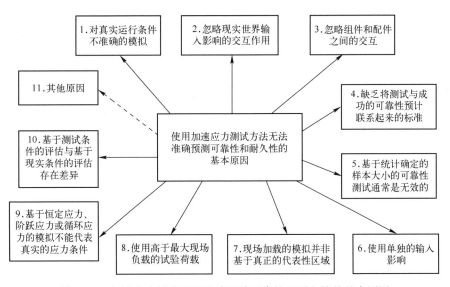

图 6-32　加速应力试验无法准确预计可靠性和耐久性的基本原因

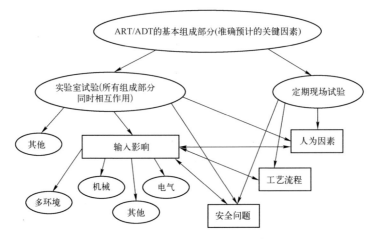

图 6-33 ART/ADT 的基本要素

图 6-34 示例:定期现场试验

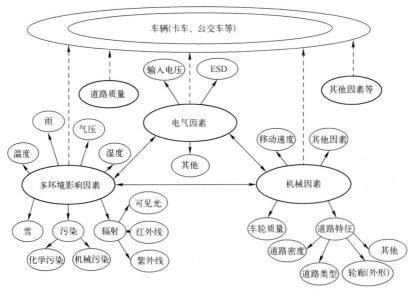

图 6-35 示例:产品的实际输入影响的交互(同时组合)

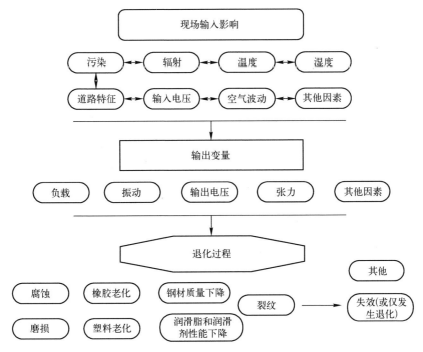

图 6-36　实际输入影响导致失效(或仅发生退化)的过程

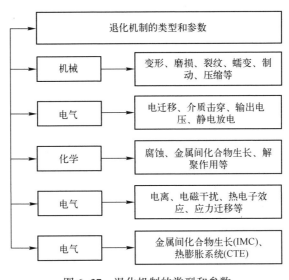

图 6-37　退化机制的类型和参数

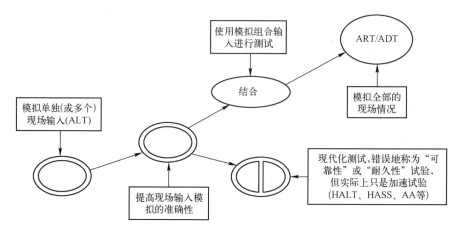

图 6-38　可靠性/耐久性试验的发展历程

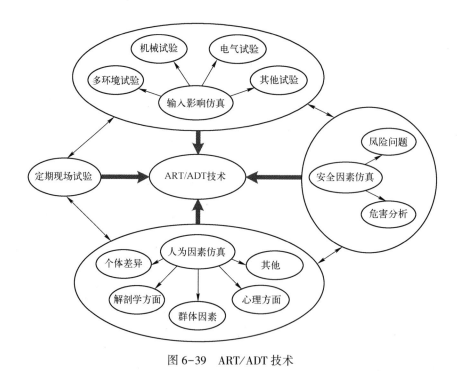

图 6-39　ART/ADT 技术

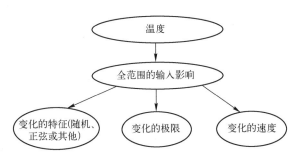

图 6-40 输入影响的精确仿真(以温度研究方案为例)

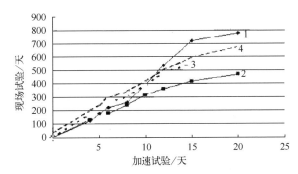

图 6-41 漆面防护加速破坏试验(两种漆面)

A. 第一类漆面防护:1—防护质量;2—冲击强度;3—抗变强度;

B. 第二类漆面防护:4—冲击强度。

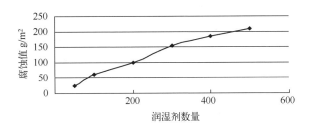

图 6-42 钢腐蚀值与试验箱中润湿剂数量的关系

图 6-43　飞机振动试验验证过程(190飞机和振动试验设备)

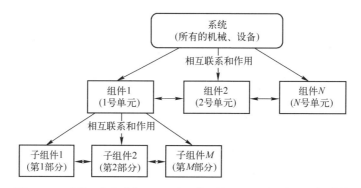

图 6-44　系统(试验对象)—互连组件(单元和细节零件)的复合体

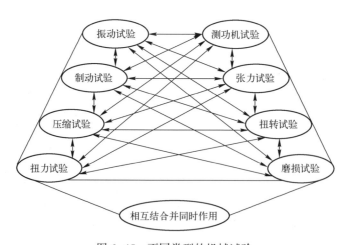

图 6-45　不同类型的机械试验

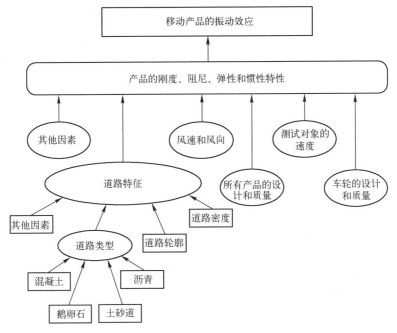

图 6-46　移动产品的振动效应

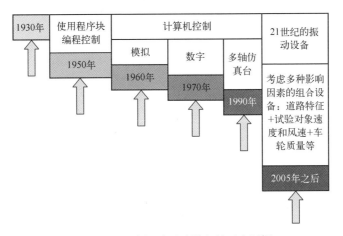

图 6-47　基本振动试验设备的开发历程

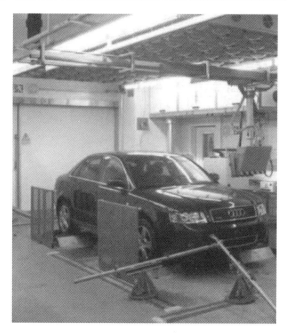

图 6-48　配有四轮驱动测功机和阳光模拟器的气候试验箱(伟思富奇有限公司)

图 6-49　配有道路模拟器和阳光模拟器的氙灯气候试验箱(伟思富奇有限公司)

图 6-50 组合试验系统:振动、气候和腐蚀(伟思富奇有限公司)

图 6-51 电子设备的组合试验室(模拟振动、温度、输入电压和湿度)

图 6-52 公交车气候风洞试验

公交车气候风洞试验

首尔工业工程有限公司研发中心

技术参数:

- 温度控制范围:−40~60℃。

- 湿度控制范围:10%~90% RH。

- 太阳能灯控制范围 0~1400W/m³:(0 ~ 1200(cal/(m² · hr)))。

- 底盘测功机功率控制范围:0~373kW。

- 风速控制范围:0~100 英里/h。

- 补充空气:在−40℃条件下提供。

- 风量均匀性:喷嘴面积为 80% 时为 3.0%。

- 可用于振动。

- 锅炉加热和蒸汽喷射系统。

图 6-53 公交车气候风洞试验:技术参数

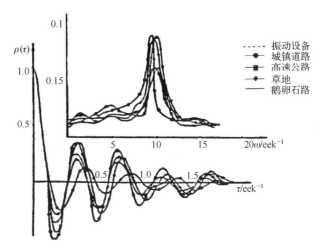

图 6-54　汽车拖车的车架张力数据的归一化函数和功率谱函数图像
（在不同的现场条件和实验室条件下）

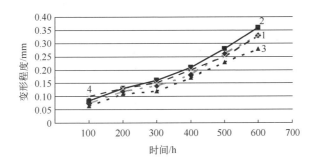

1—现场平均变形程度；2—现场置信上限；

3—现场置信界限；4—ART 期间平均变形程度。

图 6-55　在现场和 ART/ADT 期间金属样品的变形程度

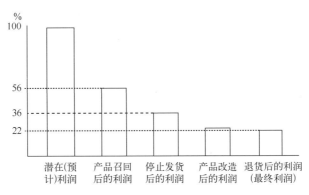

图 6-56　可靠性差对利润的影响

193

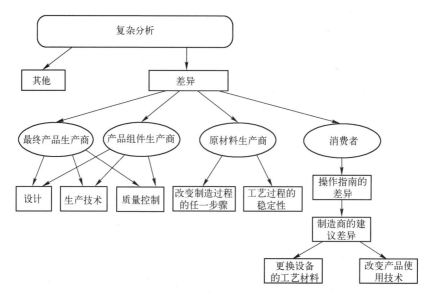

图 6-57　产品可靠性/质量的影响因素的复杂分析方案

内 容 简 介

　　本书主要回顾了目前在电子、汽车、航空、航天、交通运输、农业机械等行业中使用的可靠性预计方法及存在的问题,详细介绍了作者提出可靠性预计和试验的最新技术和工具,该方法以可靠性和耐久性加速试验数据作为必要数据来源。本书还提供了可靠性预计模型,分析了工业应用中的可靠性预计成功案例,介绍了应用过程,总结了成功经验,具有很强的工程指导意义。本书适合可靠性工程师、研究人员及管理人员阅读,也可作为可靠性专业的教材使用。